BIM造价软件应用实训系列教程

BIM ZAOJIA RUANJIAN YINGYONG SHIXUN XILIE JIAOCHENG

U0677125

钢筋工程量计算实训教程 （第4版）

GANGJIN GONGCHENGLIANG JISUAN
SHIXUN JIAOCHENG

组 编
广联达科技股份有限公司

主 编
王全杰　广联达科技股份有限公司
朱溢镕　广联达科技股份有限公司

副主编
韩红霞　河南运照工程管理有限公司
杨文生　北京交通职业技术学院

主 审
胡晓娟　四川建筑职业技术学院

参编
孙敬枝　河南兴河工程造价咨询有限公司
刘师雨　广联达科技股份有限公司
胡一杰　兰州城市建设学校
贾　玲　广联达科技股份有限公司
李　莉　金肯职业技术学院
李　宁　广联达科技股份有限公司
魏丽梅　湖南交通职业技术学院
邵　宇　广联达科技股份有限公司

重庆大学出版社

内 容 提 要

    本书是《BIM造价软件应用实训系列教程》中钢筋工程量计量的环节,包括图纸分析,各类构件钢筋的算法分析,学习从《混凝土结构设计规范》《混凝土结构施工图 平面整体表示方法制图规则和构造详图》(16G101-1、2、3)中查询计算依据,学习钢筋抽样软件的基本功能与流程,从工程识图开始到利用软件完成钢筋工程量的计算结束。通过本课程的学习,使学生可以掌握如何对建筑工程进行分析,如何利用应用软件计算钢筋工程量,如何进行工程量的核对分析,最终能够独立完成钢筋工程量的计算。

    本书可作为高等职业教育工程造价专业实训用教材,也可作为建筑工程技术专业、监理专业等的教学参考用书,还可作为岗位培训教材或供土建工程技术人员学习参考。

图书在版编目(CIP)数据

钢筋工程量计算实训教程/广联达科技股份有限公司组编;王全杰,朱溢镕主编. -- 4版. -- 重庆:重庆大学出版社,2017.7(2022.7重印)

BIM造价软件应用实训系列教程

ISBN 978-7-5624-8696-1

Ⅰ.①钢… Ⅱ.①广… ②王… ③朱… Ⅲ.①配筋工程—工程造价—工程计算—教材 Ⅳ.①TU723.32

中国版本图书馆CIP数据核字(2017)第170705号

BIM造价软件应用实训系列教程

钢筋工程量计算实训教程

(第4版)

组 编 广联达科技股份有限公司

主 编 王全杰 朱溢镕

副主编 韩红霞 杨文生

主 审 胡晓娟

策划编辑:林青山 刘颖果

责任编辑:土 婷 版式设计:王 婷

责任校对:邬小梅 责任印制:赵 晟

*

重庆大学出版社出版发行

出版人:饶帮华

社址:重庆市沙坪坝区大学城西路21号

邮编:401331

电话:(023) 88617190 88617185(中小学)

传真:(023) 88617186 88617166

网址:http://www.cqup.com.cn

邮箱:fxk@ cqup.com.cn (营销中心)

全国新华书店经销

重庆华林天美印务有限公司印刷

*

开本:787mm×1092mm 1/16 印张:11.25 字数:267千

2017年8月第4版 2022年7月第24次印刷

印数:212 001—217 000

ISBN 978-7-5624-8696-1 定价:29.80元

编审委员会

再版说明

近年来,每次与工程造价专业的老师交流,大家都提出希望能够有一套广联达造价系列软件的实训教材,可以帮助老师们切实提高教学效果,让学生真正掌握使用软件编制造价的技能,从而满足企业对工程造价人才的需求,达到"零适应期"的应用教学目标。

围绕工程造价专业学生"零适应期"的应用教学目标,我们对150多家企业进行了深度调研,包括:建筑安装施工企业69家、房地产开发企业21家、工程造价咨询企业25家、建设管理单位27家。通过调研,我们分析总结出企业对工程造价人才的四点核心要求:

1.识读建筑工程图纸的能力	90%
2.编制招投标价格和标书的能力	87%
3.造价软件运用能力	94%
4.沟通、协作能力	85%

同时,我们还调研了近300家院校(包括本科、高职高专、中职等),从中了解到各院校工程造价实训教学的推行情况,以及对软件实训教学的期待:

1.进行计量计价手工实训	98%
2.造价软件实训教学	85%
3.造价软件作为课程教学	93%
4.采用本地定额与清单进行实训教学	96%
5.合适的图纸难找	80%
6.不经常使用软件,对软件功能掌握不熟练	36%
7.软件教学准备时间长、投入大,尤其需要编制答案	73%
8.学生的学习效果不好评估	90%
9.答疑困难,软件中相互影响因素多	94%
10.计量计价课程要理论与实际紧密结合	98%

从本次面向企业和学校展开的广泛交流与调研中,我们得到如下结论:

1.工程造价专业计量计价实训是一门将工程识图、工程结构、计量计价等相关课程的知识、理论、方法与实际工作结合的应用型课程。

2.工程造价技能需要实践。在工程造价实际业务的实践中,才能够更深入领会所学知识,全面透彻理解知识体系,做到融会贯通、知行合一。

3.工程造价需要团队协作。随着建筑工程规模的扩大,工程多样性、差异性、复杂性不断提高,工期要求越来越紧,工程造价人员需要通过多人协作来完成项目。因此,造价课程的实践需要以团队合作方式进行,在过程中培养学生与人合作的团队精神。

工程计量与计价是造价人员的核心技能,计量计价实训课程是学生从学校走向工作岗位的练兵场,架起了学校与企业的桥梁。

计量计价课程的开发需要企业业务专家、学校优秀教师、软件企业金牌讲师三方的精诚协作,共同完成。业务专家以提供实际业务案例、优秀的业务实践流程、工作成果要求为重点;教师以教学方式、章节划分、课时安排为重点;软件讲师则以如何应用软件解决业务问题、软件应用流程、软件功能讲解为重点。

依据计量计价课程本地化的要求,我们组建了由企业、学校、软件公司三方专家构成的地方专家编委员会,确定了课程编制原则:

1.培养学生工作技能、方法、思路;

2.采用实际工程案例;

3.采用以工作任务为导向、任务驱动的方式;

4.加强业务联系实际,包括工程识图,从定额与清单两个角度分析算什么、如何算;

5.以团队协作的方式进行实践,加强讨论与分享环节;

6.课程应以技能培训的实效作为检验的唯一标准;

7.课程应方便教师教学,做到好教、易学。

教材中的业务分析由各地业务专家及教师编写,软件操作部分由广联达公司讲师编写,课程中各阶段工程由专家及教师编制完成(广联达公司审核),教学指南、教学PPT、教学视频由广联达公司组织编写并录制,教学软件需求由企业专家、学校教师共同编制,教学相关软件由广联达软件公司开发。

本教程编制框架分为7个部分:

1.图纸分析,解决识图的问题;

2.业务分析,从清单、定额两个方面进行分析,解决本工程要算什么以及如何算的问题;

3.如何应用软件进行计算;

4.本阶段的实战任务;

5.工程实战分析;

6.练习与思考;

7.知识拓展。

在上述调研分析的基础上,广联达公司组织编写了第一版4本实训教材。教材上市两年多来,销量超过10万册,使用反响良好,全国大多高等职业院校采用此实训教程作为工程造价等专业软件操作实训教材。在这两年的时间里,土建实训教程已经实现了15个地区本地化。随着建筑行业迅猛发展,新的建筑理念和规范、标准不断推陈出新。根据建质函[2016]168号文"住建部关于批准《钢筋混凝土基础梁》等29项国家建筑标准设计的通知",自2016年9月1日起新16G101系列平法图集正式开始实施。随着新清单的推广应用,以及各地新定额的配套实施,广联达教育事业部联合各地高校专业资深教师完成了已开发地区本地化教程及课程资料包的更新。教材中按照新清单及地区新定额、新平法,结合广联达新土建算量、钢筋算量、计价软件,重新编制了案例模型文件,对教材整体框架进行了调整,以适应高校软件实训课程教学,满足高校实训教学需要。

新版教材、配套资源以及授课模式讲解如下：

一、土建计量计价实训教程

1.《办公大厦建筑工程图》

2.《钢筋工程量计算实训教程》

3.《建筑工程计量与计价实训教程》(分地区版)

二、土建计量计价实训教程资料包

为了方便教师开展教学，与目前新清单、新定额和16G平法相配套，切实提高实际教学质量，还按照新的内容全面更新了实训教学配套资源：

教学指南：

4.《钢筋工程量计算实训教学指南》

5.《建筑工程计量与计价实训教学指南》

教学参考：

6.钢筋工程量计算实训授课PPT

7.建筑工程计量与计价实训授课PPT

8.钢筋工程量计算实训教学参考视频

9.建筑工程计量与计价实训教学参考视频

10.钢筋工程量计算实训阶段参考答案

11.建筑工程计量与计价实训阶段参考答案

教学软件：

12.广联达BIM钢筋算量软件 （GGJ2013）

13.广联达BIM土建算量软件 （GCL2013）

14.广联达计价软件 （GBQ4.0）

15.广联达钢筋算量评分软件 （GGJPF2013:可以批量地对钢筋工程进行评分，可一次评出全班学生成绩，便于老师快速掌握学生的学习情况）

16.广联达土建算量评分软件 （GCLPF2013:可以批量地对土建算量工程进行评分）

17.广联达计价评分软件 （GBQPF4.0:可以批量地对计价文件进行评分）

18.广联达钢筋对量软件 （GSS2014:可以快速查找学生答案与标准答案之间的区别，找出问题所在）

19.广联达图形对量软件 （GST2014）

20.广联达计价审核软件 （GSH4.0:快速查找两个组价文件之间的不同之处）

以上教材外的4~20项内容由广联达科技股份有限公司以课程的方式提供。

三、教学授课模式

针对之前老师们对授课资料包运用不清楚的地方，我们建议老师们采用"团建八步教学法"模式进行教学，充分合理、有效地利用我们授课资料包中的所有内容，以高效完成教学任务，提升课堂教学效果。

何为团建？团建就是将班级学生按照成绩优劣等情况合理地搭配，分成若干个小组，有效地形成若干个团队，形成共同学习、相互帮助的小团队。同时，老师引导各个团队形成不同的班级管理职能小组(学习小组、纪律小组、服务小组、娱乐小组等)。授课时,老师组织引导各职能小组发挥作用,帮助老师有效管理课堂和自主组织学习。本授课方法主要以组建团队为主导,以团建的形式帮助学生自我组织学习,自我管理,形成团队意识、竞争意识。在实训过程中,所有学生以小组团队身份出现。老师按照八步教学法的步骤,首先对整个实训工程案例进行切片式阶段任务设计,每个阶段任务利用八步教学法合理贯穿实施。整个课程利用我们提供的教学资料包进行教学,备、教、练、考、评一体化课堂设计,老师主要扮演组织者和引导者的角色,学生作为实训学习的主体,发挥主要作用,使实训效果在学生身上得到充分体现。

团建八步教学法框架图如下:

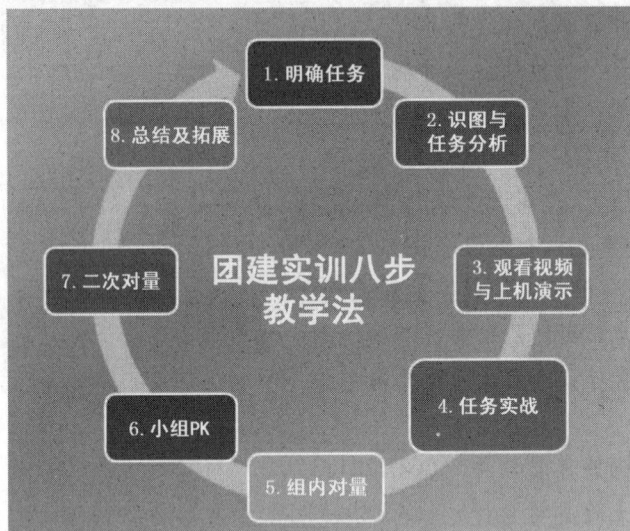

八步教学授课操作流程如下:

第一步　明确任务:①本堂课的任务是什么;②该任务在什么情境下开展;③该任务计算范围是什么(哪些项目需要计算? 哪些项目不需要计算?)。

第二步　该任务对应的案例工程图纸的识图及业务分析(结合案例图纸):以团队的方式进行图纸及业务分析,找出各任务中涉及构件的关键参数及图纸说明,以团队的方式从定额、清单两个角度进行业务分析,确定算什么、如何算。

第三步　观看视频与上机演示:老师可以采用播放完整的案例操作以及业务讲解视频,也可以根据需要自行上机演示操作,主要是明确本阶段软件应用的重要功能,操作上机的重点及难点。

第四步　任务实战:老师根据已布置的任务,规定完成任务的时间,由团队学生自己动手操作,配合老师辅导指引,在规定时间内完成阶段任务。(其中,在套取清单的过程中,此环节强烈建议采用教材统一提供的教学清单库。土建实训教程采用本地化"2014 土建实训教程教学专用清单库",此清单库为高校专用清单库,采用 12 位清单编码,和广联达高校算量大赛对接,主要用于结果评测。)学生在规定时间内完成任务后,提交个人成果,老师利用评分软件当堂对学生成果进行评测,得出个人成绩。

第五步　组内对量:评分完毕后,学生根据每个人的成绩,在小组内利用对量软件进行对量,讨论完成对量问题,如找问题、查错误、优劣搭配、自我提升。老师要求每个小组最终出具一份能代表小组实力的结果文件。

第六步 小组PK:每个小组上交最终成功文件后,老师再次使用评分软件进行评分,测出各个小组成绩的优劣,希望能通过此成绩刺激小组的团队意识以及学习动力。

第七步 二次对量:老师下发标准答案,学生再次利用对量软件与标准答案进行结果对比,从而找出错误点加以改正,掌握本堂课所有知识点,提升自己的能力。

第八步 学生小组及个人总结:老师针对本堂课的情况进行总结及知识拓展,最终共同完成本堂课的教学任务。

本教程由广联达科技股份有限公司王全杰、朱溢镕担任主编;河南运照工程管理有限公司韩红霞、北京交通职业技术学院杨文生担任副主编,参与教程方案设计、编制、审核等;四川建筑职业技术学院胡晓娟担任主审工作。同时参与编制的人员还有:河南兴河工程造价咨询有限公司孙敬枝、广联达科技股份有限公司刘师雨、兰州城市建设学校胡一杰、广联达科技股份有限公司贾玲、金肯职业技术学院李莉、广联达科技股份有限公司李宁、湖南交通职业技术学院魏丽梅、广联达科技股份有限公司邵宇及众多院校参与评审的专家,在此一并表示衷心的感谢。

在课程方案设计阶段,借鉴了河南运照工程管理有限公司的造价业务实训方案和实训培训方法,从而保证了本系列教程的实用性、有效性。本教程吸取了北京城市建设学校和北京交通职业技术学院的实训教学经验,让教程内容更适合初学者。同时,感谢编委会对教程提出的宝贵意见。

在本教程的调研编制过程中,工程教育事业部高杨经理、李永涛、王光思、李洪涛、沈默等同事给予了热情的帮助,对课程方案提出了中肯的建议,在此表示诚挚的感谢。

随着高校对实训教学的深入开展,广联达教育事业部造价组联合全国高校资深专业教师,倾力打造完美的造价实训课堂。针对高校人才培养方案,研究适合高校的实训教学模式,欢迎广大老师积极加入我们的广联达实训大家庭(实训教学QQ群:307716347),希望我们能联手打造优质的实训系列课程。

本套教程在编写过程中,虽然经过反复斟酌和校对,但由于时间紧迫、编者能力有限,难免存在不足之处,诚望广大读者提出宝贵意见,以便再版时修改完善。

2017年7月于北京

目 录

第3篇 "CAD 识别"做工程

第4篇 实践应用篇

第1篇 钢筋算量软件基础理论

本篇内容简介

软件原理及应用流程

本篇教学目标

通过本篇学习，你将能够：

（1）明确钢筋软件的基本原理。

（2）了解软件应用的基本流程。

（3）掌握软件绘图的基本方法——点、直线的绘制。

第1章　软件原理及应用流程

1.1　软件算量的基本原理

1）钢筋算量的特点分析

（1）建筑工程钢筋计算的影响因素多

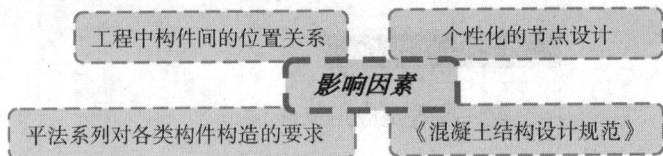

工程中构件间的位置关系　　　　个性化的节点设计

影响因素

平法系列对各类构件构造的要求　　《混凝土结构设计规范》

（2）工程钢筋计算对算量人员的要求高

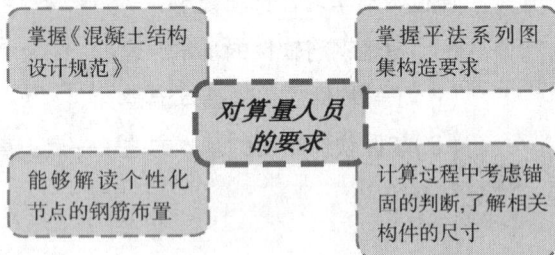

掌握《混凝土结构设计规范》　　　掌握平法系列图集构造要求

对算量人员的要求

能够解读个性化节点的钢筋布置　　计算过程中考虑锚固的判断，了解相关构件的尺寸

2）平法设计的特点

平法设计是我国目前混凝土结构设计表示方法的重大改革，在全国范围得到了广泛的推广应用。平法首先是一个设计的表示方法，它区分了重复性设计和创造性设计，使设计人员的工作量大大降低，提升了设计人员的工作效率。从造价人员的角度来讲，平法提高了对造价人员的要求，识图的难度相对于剖面法也有所加大。

平法图纸通常包括：

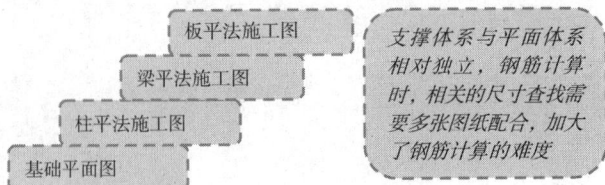

板平法施工图
梁平法施工图
柱平法施工图
基础平面图

支撑体系与平面体系相对独立，钢筋计算时，相关的尺寸查找需要多张图纸配合，加大了钢筋计算的难度

3）信息化手段

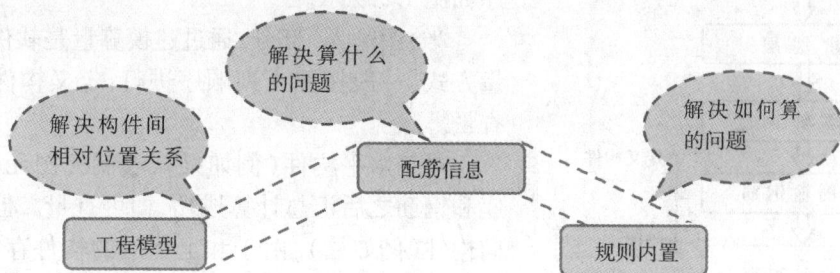

4）软件算量的实质

将钢筋计算转化为配筋信息录入、工程结构模型建立和计算规则调整。

5）软件学习的实质

①掌握节点设置、构件设置对钢筋计算的实质性影响。

②完成构件的几何属性与空间属性定义或绘制。

③学习各类构件的配筋信息的输入格式及便捷方法。

④个性化节点或构件的变通应用。

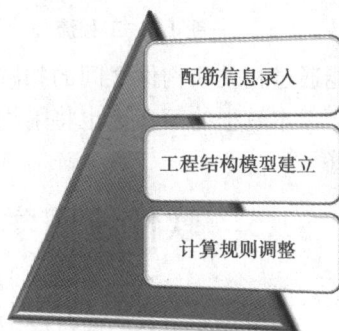

1.2　软件算量操作流程

在进行实际工程的绘制和计算时,软件的基本操作流程如图 1.1 所示。

图 1.1　GGJ2013 软件操作流程

```
┌──────────────┐
│   建 工 程    │
└──────────────┘
       ⇓
┌──────────────┐
│   建 楼 层    │
└──────────────┘
       ⇓
┌──────────────┐
│   建 轴 网    │
└──────────────┘
       ⇓
┌──────────────┐        ┌ 定义构件
│  画图输钢筋   │ ───────┤
└──────────────┘        └ 画图
       ⇓
┌──────────────┐
│  汇总看结果   │
└──────────────┘
```

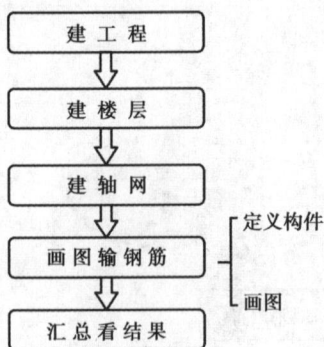

图 1.2　工程流程

简化来说,按实际功能和构件绘制顺序,操作顺序如图 1.2 所示。

"绘图输入"部分,通过建模算量是软件主要的算量方式,一般按照下列顺序进行:定义构件→画图→查量。

对于水平构件(例如梁),绘制完图元、设置了支座和钢筋之后汇总计算成功,即可查量。但是对于竖向构件(例如柱),由于和上下层的构件存在关联,上下层绘制构件与未绘制构件时的计算结果不同。也就是说,对于竖向构件,需要上下层构件绘制完毕,才能通过相关联构件之间的扣减来准确计算。

本教程的第 2 篇也将采用这种顺序,通过对广联达办公大厦的绘制来介绍软件的使用。

1.3　软件绘图学习的重点——点、线、面的绘制

GGJ2013 主要是通过绘图建立模型的方式来进行钢筋量的计算,构件图元的绘制是软件使用中的重要部分。对绘图方式的了解是学习软件算量的基础,下面概括介绍软件中构件的图元形式和常用的绘制方法。

1)构件图元的分类

工程实际中的构件按照图元形状可以划分为点状构件、线状构件和面状构件。

①点状构件包括柱、门窗洞口、独立基础、桩、桩承台等。

②线状图元包括梁、墙、条基等。

③面状构件包括现浇板、筏板等。

不同形状的构件,有不同的绘制方法。对于点式构件,主要是"点"画法;对于线状构件,可以使用"直线"画法和"弧线"画法,也可以使用"矩形"画法在封闭的区域绘制;对于面状构件,可以采用"直线"绘制边来围成面状图元的画法,也可以采用弧线画法及点画法。下面主要介绍一些最常用的"点"画法和"直线"画法。

2)"点"画法和"直线"画法

(1)"点"画法

"点"画法适用于点式构件(例如柱)和部分面状构件(例如现浇板),其操作方法如下:

第 1 步:在"构件工具条"选择一种已经定义的构件(见图 1.3),如 KZ-1。

图 1.3　构件工具条选择构件

第 2 步:在"绘图工具栏"选择"点",如图 1.4 所示。

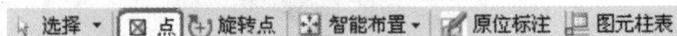

图 1.4　绘图工具栏"点"绘制

第3步:在绘图区,鼠标左键单击一点作为构件的插入点(只有鼠标指针显示为"⊞"时才能绘制),完成绘制。

说明

(1)选择了适用于点式绘制的构件之后,软件会默认为点式绘制,直接在绘图区域绘制即可。例如,在构件工具条中选择了"框架柱"之后,可直接跳过绘图步骤的第2步,直接绘制。

(2)对于面状构件的点式绘制(例如板、筏板等),必须在有其他构件(例如梁和墙)围成的封闭空间内才能进行点式绘制。

(2)"直线"画法

"直线"绘制主要用于线状构件(如梁和墙),当需要绘制一条或者多条连续的直线时,可以采用绘制"直线"的方式,其操作方法如下:

第1步:在"构件工具条"中选择一种已经定义的构件,如框架梁 KL-1。

第2步:左键单击"绘图工具条"中的"直线",如图 1.5 所示。

图 1.5　绘图工具条"直线"绘制

第3步:用鼠标点取第一点,再点取第二点即可画出一道梁,再点取第三点,就可以在第二点和第三点之间画出第二道梁,以此类推。这种画法是系统默认的画法。当需要在连续画的中间从一点直接跳到一个不连续的地方时,请单击鼠标右键临时中断,然后再到新的轴线交点上继续点取第一点开始连续画图,如图 1.6 所示。

直线绘制现浇板等面状图元,采用和直线绘制梁同样的方法,不同的是要连续绘制,使绘制的线围成一个封闭的区域,形成一块面状图元。绘制结果如图 1.7 所示。

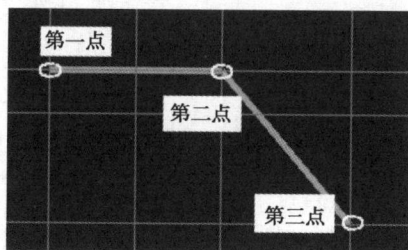

图 1.6　直线绘制梁　　　　图 1.7　直线绘制板

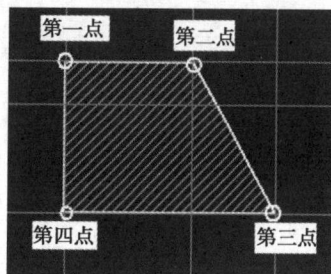

其他的绘图方法,请参照软件内置的《文字帮助》中的相关内容。

了解了软件中构件的形状分类,学会了主要的绘制方法,就可以快速地通过绘图去进行构件的建模,进而完成构件的计算。

第2篇 基础功能学习

本篇教学目标

通过本篇学习，你将能够：

（1）建立新的工程；依据结构设计说明，调整计算设置；依据剖面图定义楼层。

（2）掌握轴网的定义及绘制，根据图纸完成轴网的绘制。

（3）了解柱的钢筋类型及计算规则；定义各类柱的属性；绘制柱。

（4）描述剪力墙的构件构成；分析剪力墙、连梁、暗梁、暗柱的配筋构造及钢筋计算方法；定义并绘制剪力墙、连梁、暗梁、暗柱、墙洞。

（5）分析框架梁的配筋构造及钢筋计算；定义梁的属性及绘制；输入梁进行的原位标注信息；设置悬梁钢筋、吊筋、次梁加筋；分析梁钢筋计算结果。

（6）分析板钢筋的种类；定义并绘制本工程的板；定义并绘制不同类型的钢筋；运用XY方向布置钢筋；运用复制板钢筋功能；定义板马凳筋。

（7）分析砌体结构钢筋的种类；定义并绘制本工程的圈梁、构造柱、砌体加筋。

（8）应用"复制选定图元到其他楼层"功能；应用"从其他楼层复制构件图元"功能；分析图纸，并修改楼层有差异的构件。

（9）绘制斜板；设置顶层边角柱。

（10）定义异形柱；绘制异形柱；用截面法配置柱钢筋。

（11）定义并绘制筏板基础、集水坑和基础梁。

（12）计算零星构件钢筋量；应用单构件输入计算楼梯钢筋。

（13）审查钢筋计算结果；按要求输出计算结果。

本篇将通过对广联达办公大厦绘制的介绍和演示,使读者、用户掌握用软件做工程的流程,并掌握软件绘图的基本功能。(本工程所用 GGJ2013 版本号为 12.7.0.2666)

第2章 工程准备

2.1 新建工程

一、任务说明

根据广联达《办公大厦建筑工程图》,完成新建工程的各项设置。

二、任务分析

①软件中新建工程的各项设置有哪些?
②本工程设计所遵循的标准、规范是什么?
③工程的结构类型、设防烈度、檐高、抗震等级对钢筋量有什么影响?

三、任务实施

①在分析图纸、了解工程的基本概况之后,启动软件,进入如图 2.1 所示的"欢迎使用 GGJ2013"界面。

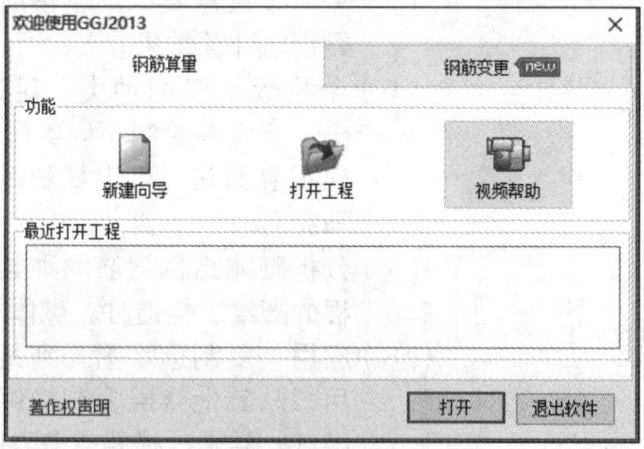

图 2.1 新建向导

②鼠标左键单击欢迎界面上的"新建向导",进入新建工程界面,如图 2.2 所示。

工程名称:按工程图纸名称输入,保存时会作为默认的文件名。本工程名称输入为"广联达办公大厦"。

损耗模板:根据实际工程需要选择,本工程以不计算损耗为例。

计算规则:包括"03G101""00G101""11 系列新平法规则"和"16 系列新平法规则"4 种选择,选择好计算规则后,软件默认采用选定的规则进行计算 。其中,16G101 包括 16G101-1,

16G101-2,16G101-3。本工程以"16 系新平法规则"为例。

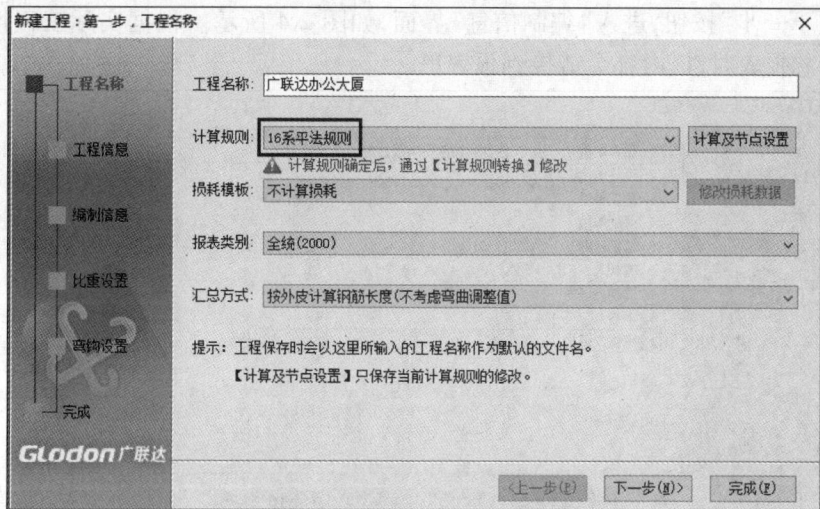

图 2.2 新建工程——工程名称

汇总方式:针对报表部分的汇总设置,分为"按外皮计算钢筋长度"(一般预算时使用)和"按中轴线计算钢筋长度"(一般施工现场下料时使用)。本工程选择"按外皮计算钢筋长度"。

③单击"下一步"按钮,进入"工程信息"界面,如图 2.3 所示。

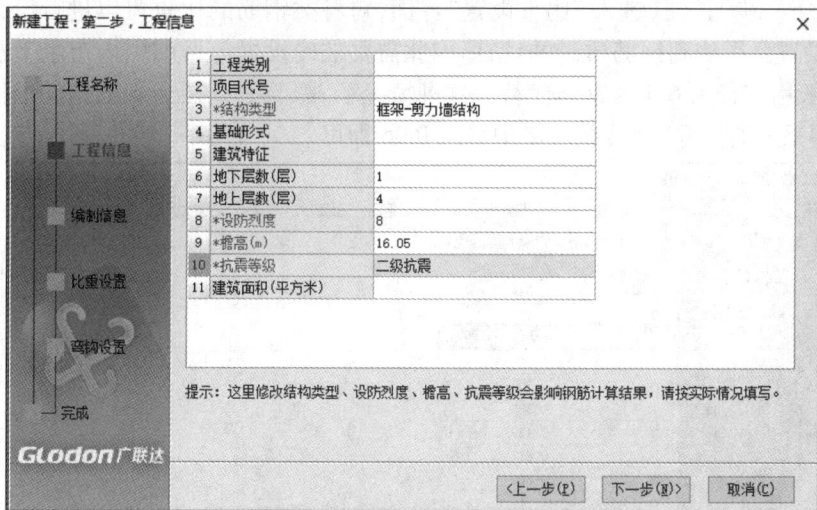

图 2.3 新建工程——工程信息

在工程信息中,结构类型、设防烈度、檐高决定建筑的抗震等级;抗震等级影响钢筋的搭接和锚固的数值,从而会影响最终钢筋量的计算。因此,需要根据实际工程的情况进行输入,该内容会链接到报表中。广联达办公大厦的信息来源于图纸,具体如下:

结构类型:根据结施-1"(一)工程概况及结构布置"可知,本工程是框架-剪力墙结构。

设防烈度:根据结施-1"(三)自然条件,2.抗震设防有关参数"可知,抗震设防烈度为 8 度。

檐高:根据建施-1"(二)工程概况,11.本建筑物高度为檐口距地高度 15.6 m(檐高从室外地坪开始算起)"可知,本建筑高度为檐口距地高度 15.6 m。

抗震等级:根据结施-1"(三)自然条件,2.抗震设防有关参数,抗震等级为二级"可知,抗震等级为二级。

④单击"下一步"按钮,进入"编制信息"界面,如图2.4所示。根据实际工程情况填写相应的内容,汇总报表时,该内容会链接到报表里。

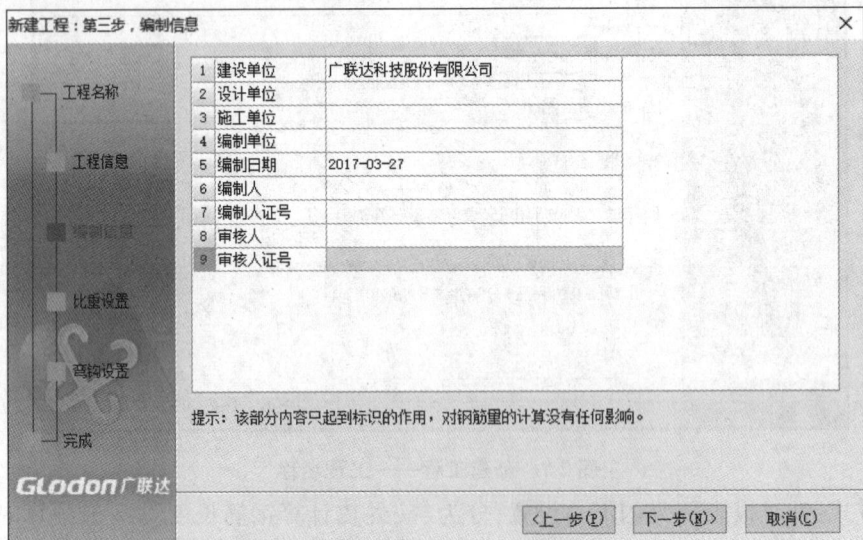

图2.4　新建工程——编制信息

⑤单击"下一步"按钮,进入"比重设置"界面,对各类钢筋的比重可以进行设置,如图2.5所示。比重设置会影响到钢筋质量的计算,因此需要准确设置。目前国内市场上没有直径为6的钢筋,一般用直径为6.5的钢筋代替。这种情况下,需要把直径为6的钢筋的比重修改为直径为6.5的钢筋的比重,直接在表格中输入0.26即可。

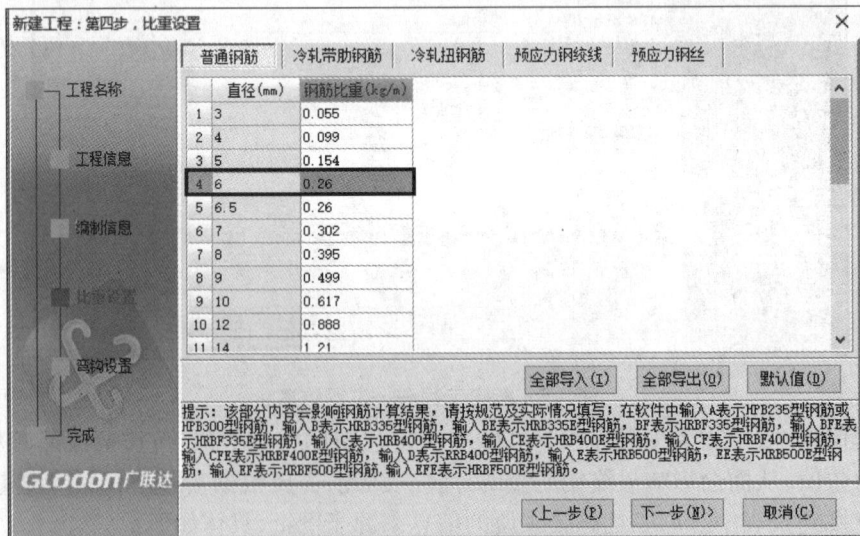

图2.5　新建工程——比重设置

⑥单击"下一步"按钮,进入"弯钩设置"界面(见图2.6),用户可以根据需要对钢筋的弯钩进行设置。图中可勾选的项目"箍筋弯钩平直段计算按工程抗震考虑",如果勾选上,软件会按照《混凝土结构工程施工质量验收规范》(GB 50204—2002)的5.3.2第3条执行计算。

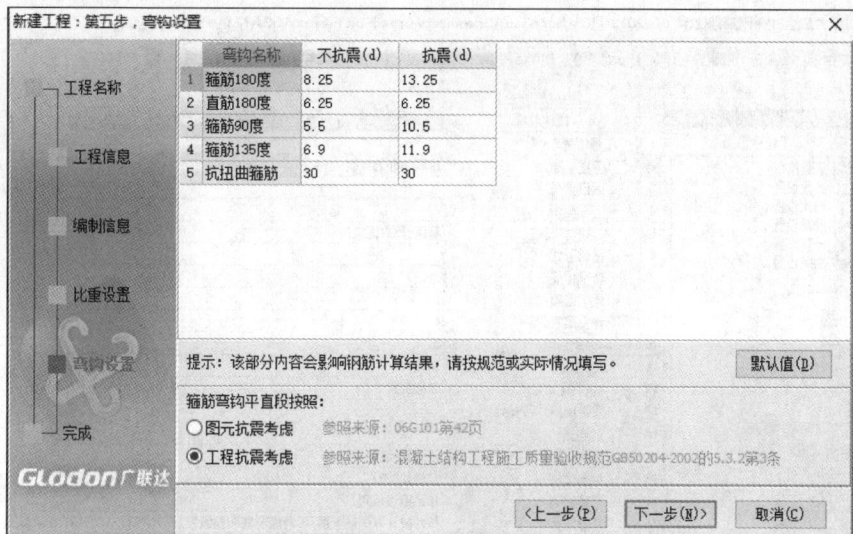

图 2.6 新建工程——弯钩设置

⑦单击"下一步"按钮,进入"完成"界面,这里显示了工程信息和编制信息,如图 2.7 所示。

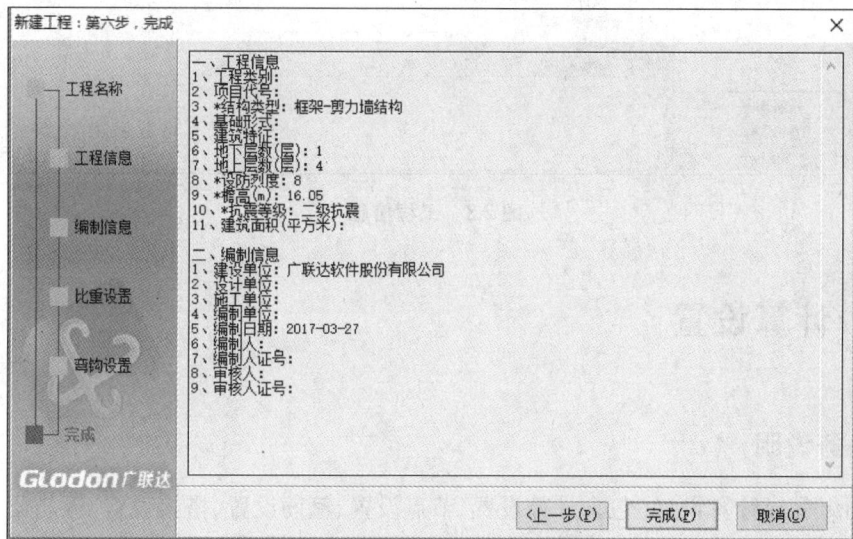

图 2.7 新建工程——完成

⑧单击"完成"按钮,完成新建工程,切换到"工程信息"界面,如图 2.8 所示。该界面显示了新建工程的工程信息,供用户查看和修改。

四、任务结果

任务结果如图 2.8 所示。

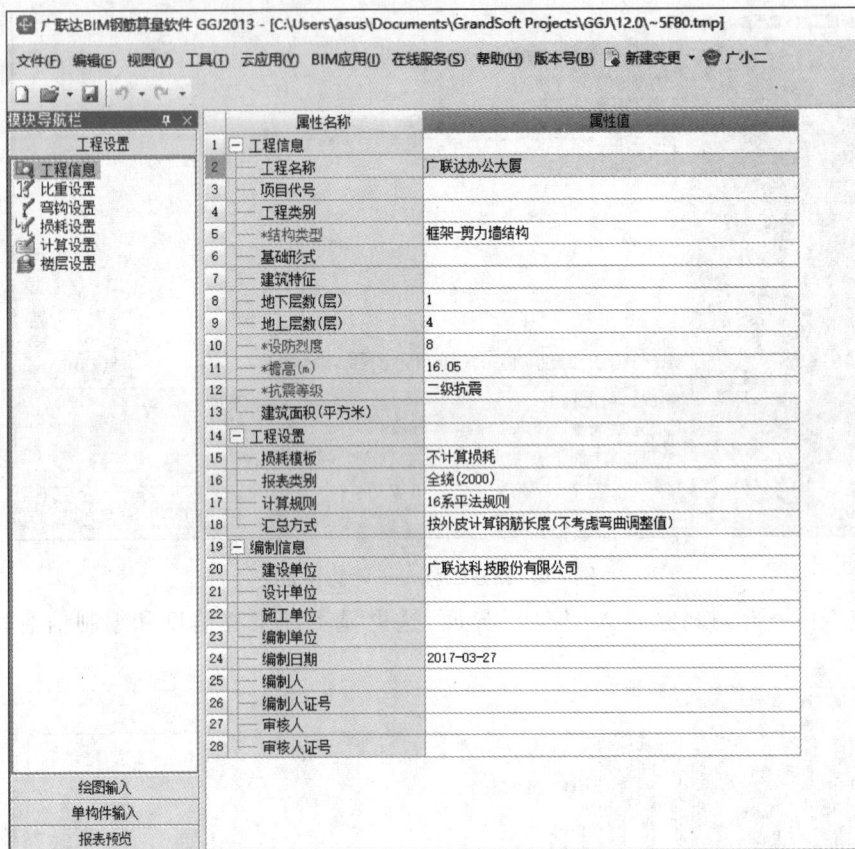

图 2.8　工程信息

2.2　计算设置

一、任务说明

根据图纸完成计算设置(包含计算设置、节点设置、箍筋设置、搭接设置、箍筋公式)。

二、任务分析

①在计算钢筋时,钢筋长度的计算要点在哪?
②钢筋的构造来源于哪里?

三、任务实施

1)计算设置

计算设置部分的内容是软件内置的规范和图集的显示,包括各类构件计算过程中所用到的参数的设置,直接影响钢筋计算结果。软件中默认的都是规范中规定的数值和工程中最常用的数值,按照图集设计的工程一般不需要进行修改;在工程有特殊需要时,用户可以根据结构施工说明和施工图来对具体的项目进行修改,例如图 2.9 中截取了柱计算设置中的一部分。

14	─ 柱	
15	柱纵筋伸入基础锚固形式	全部伸入基底弯折
16	柱基础插筋弯折长度	全部伸入基底弯折 / 角筋伸入基底弯折
17	矩形柱基础锚固区只计算外侧箍筋	是
18	抗震柱纵筋露出长度	按规范计算
19	纵筋搭接范围箍筋间距	min(5*d,100)
20	不变截面上柱多出的钢筋锚固	1.2*Lae
21	不变截面下柱多出的钢筋锚固	1.2*Lae
22	非抗震柱纵筋露出长度	按规范计算

图 2.9　修改计算设置

纵筋伸入基础锚固形式,默认为最常用的"全部伸入基底弯折",另外还提供了"角筋伸入基底弯折"的选项。

基础插筋弯折长度,软件内置了规范规定的数值,点开后可以看到规范的相关内容,有特殊需要时,也可以在表中进行修改,如图 2.10 所示。

计算设置的所有内容,都是按照类似的方式,把规范和图集中的参数和规定放在软件中,并且可以根据需要进行修改的。这样一方面使计算过程更加透明,另一方面也可满足不同的计算需求。

	编辑计算设置表达式	×
	基础厚度	弯折长度
1	hj>LaE	max(6*d,150)
2	hj<=LaE	15*d

提示信息:hj:基础厚度,LaE:锚固长度,d:纵筋直径。

确定　取消

图 2.10　基础插筋计算表达式

注意

除非图纸中特定说明,一般此处不用修改。

2)节点设置

在节点设置部分,将图集中的节点都放到软件中,供用户选择使用(见图 2.11)。

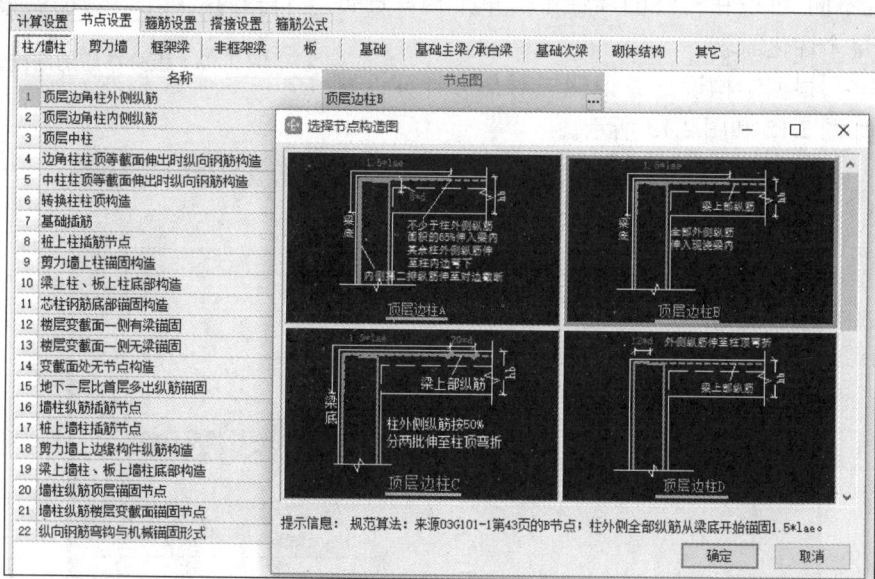

图 2.11　节点设置

以柱的节点中"顶层边角柱外侧纵筋"的节点为例。软件内置了图集中所有的节点形式，默认为最常用的 B 节点。用户在使用软件时，如果图纸是按照最常用的节点形式，就不用再进行选择和设置。如果用户在实际工程中使用的是其他的节点，就可以在这里选择其他的节点进行计算。并且，用户还可以根据实际情况，对节点中的锚固和弯折的参数进行输入，以满足其更多的需求。

3）箍筋设置

在"箍筋设置"部分，软件提供了多种箍筋肢数组合，以供用户在定义构件时使用。如果实际工程中遇到的箍筋肢数未在此提供，也可手动进行添加。

4）搭接设置

对算量过程中用到的钢筋的搭接形式和定尺长度进行设置时，用户可以根据结构施工图的说明进行相应的修改。如果没有特殊说明，则按照软件默认的方式进行，软件默认的是常用的方式。

结构设计总说明（一）中"（九）钢筋混凝土构造，2.钢筋接头形式及要求"中明确规定了各构件的连接形式，参照说明在软件中设置即可。

5）箍筋公式

在"箍筋公式"部分可以查看不同肢数的箍筋的长度计算公式，一般不需要进行修改。

四、任务结果

①一般情况下，如果施工图没有特殊说明，则预算过程中用户不用对计算设置部分的内容进行调整，按照常用参数计算即可。

②在工程设置部分进行的计算设置和节点设置的设置和调整是对整个工程有效的，如果工程中有特殊构件与一般情况不同，可以在构件的属性中对单个构件进行设置，以满足个性化需求。

该工程中，根据结构设计总说明应对部分计算设置进行更改，如图 2.12 和图 2.13 所示。

（7）板内分布钢筋（包括楼梯跑板），除注明者外见下表：

楼板厚度	＜110	120~160
分布钢筋直径 间距	Φ6@200	Φ8@200

图 2.12　板分布筋的结施说明

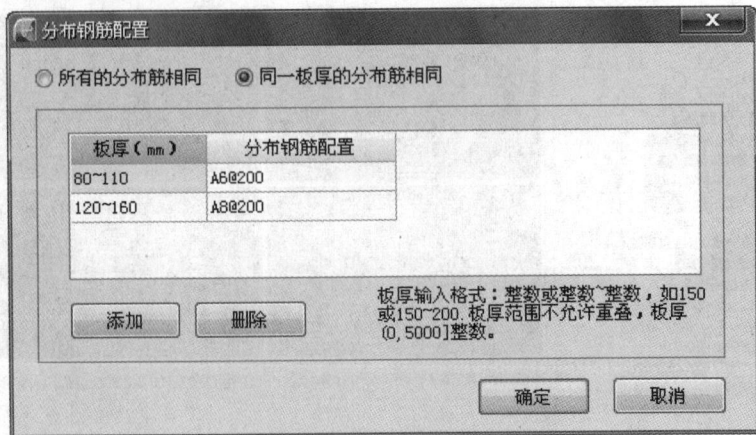

图 2.13　板分布筋的设置

更改设置如图 2.13 板分布筋的设置和图 2.14 次梁加筋的设置所示。

25	⊟	箍筋/拉筋	
26		次梁两侧共增加箍筋数量	6
27		起始箍筋距支座边的距离	50

图 2.14　次梁加筋的设置

2.3　建楼层

一、任务说明

根据结构图纸进行楼层的建立及楼层缺省设置。

二、任务分析

①楼层体系对计算钢筋有哪些影响?
②混凝土的强度和保护层厚度对钢筋量有什么影响?

三、任务实施

从"工程信息"界面切换到"楼层设置"界面,根据结构图纸进行楼层的建立。

楼层设置部分包括两方面内容:一是楼层的建立,二是各楼层缺省钢筋设置,包括混凝土标号的设置、钢筋锚固和搭接的设置及各构件保护层的设置,如图 2.15 所示。

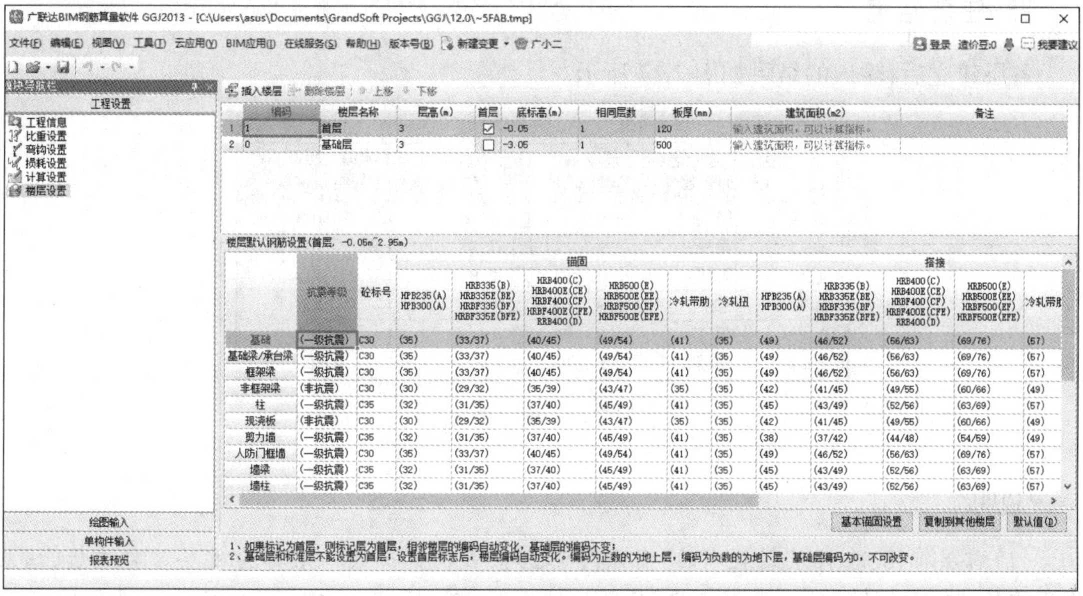

图 2.15　楼层设置

在软件中建立楼层时,按照以下原则确定层高和起始位置:
①基础层底设置为基础常用的底标高,顶标高到位置最高处的基础顶。
②基础上面一层从基础层顶到该层的结构顶板顶标高。

③中间层从层底的结构板顶到本层上部的板顶。

分析图纸结施-4可以知道,本建筑有基础层、第-1层、首层、第2层、第3层、第4层、机房层,共7层。

首先,根据图纸在楼层建立区域建立楼层。依据从下到上的顺序,软件默认给出首层和基础层。

对于广联达办公大厦,结合结施-4中楼层表和结施-3以及结施-11,楼层建立过程如下:

①分析图纸结施-3,基础层的筏板厚度为500,在基础层的层高位置输入0.5,板厚按照本层最常用的筏板厚度输入为500。

②将鼠标放在基础层所在的行,单击"插入楼层",插入第-1层;输入层高为4.3 m。

③根据结施-10,首层的结构底标高输入为-0.1,层高输入为3.9 m,板厚本层最常用的为100,如图2.16所示。

	编码	楼层名称	层高(m)	首层	底标高(m)	相同层	板厚(mm)
1	1	首层	3.9	☑	-0.1	1	100
2	-1	第-1层	4.3	☐	-4.4	1	100
3	0	基础层	0.5	☐	-4.9	1	500

图2.16 插入楼层

④鼠标左键选择首层所在的行,单击"插入楼层",添加第2层,第2层的高度输入为3.9 m,最常用的板厚为100。

⑤按照建立第2层同样的方法,建立3~5层,可以按照图纸把第5层的名称修改为"机房层"。

四、任务结果

各层建立后,输入的结果如图2.17所示。

	编码	楼层名称	层高(m)	首层	底标高(m)	相同层	板厚(mm)
1	5	机房层	4	☐	15.5	1	100
2	4	第4层	3.9	☐	11.6	1	100
3	3	第3层	3.9	☐	7.7	1	100
4	2	第2层	3.9	☐	3.8	1	100
5	1	首层	3.9	☑	-0.1	1	100
6	-1	第-1层	4.3	☐	-4.4	1	100
7	0	基础层	0.5	☐	-4.9	1	500

图2.17 建立楼层

说明

(1)首层标记:在楼层列表中的"首层"单元列,可以选择某一层作为首层。勾选后,该层作为首层,相邻楼层的编码自动变化,负数为地下层,正数为地上层,基础层的编码为0,不可改变;基础层和标准层不能作为首层。

(2)首层底标高是指首层的结构底标高。

第 3 章　首层结构钢筋量的计算

3.1　建立轴网

一、任务说明

根据图纸完成轴网的绘制。

二、任务分析

①建立轴网的作用是什么?
②根据哪张图纸建立轴网最合适?

三、任务实施

楼层建立完毕后,切换到"绘图输入"界面,下面就要进行建模和计算部分的操作。首先,需要根据结构图来建立轴网。建立轴网的目的是用来绘制结构构件时确定构件的位置。

①切换到绘图输入界面之后,软件默认为轴网的定义界面,如图 3.1 所示。

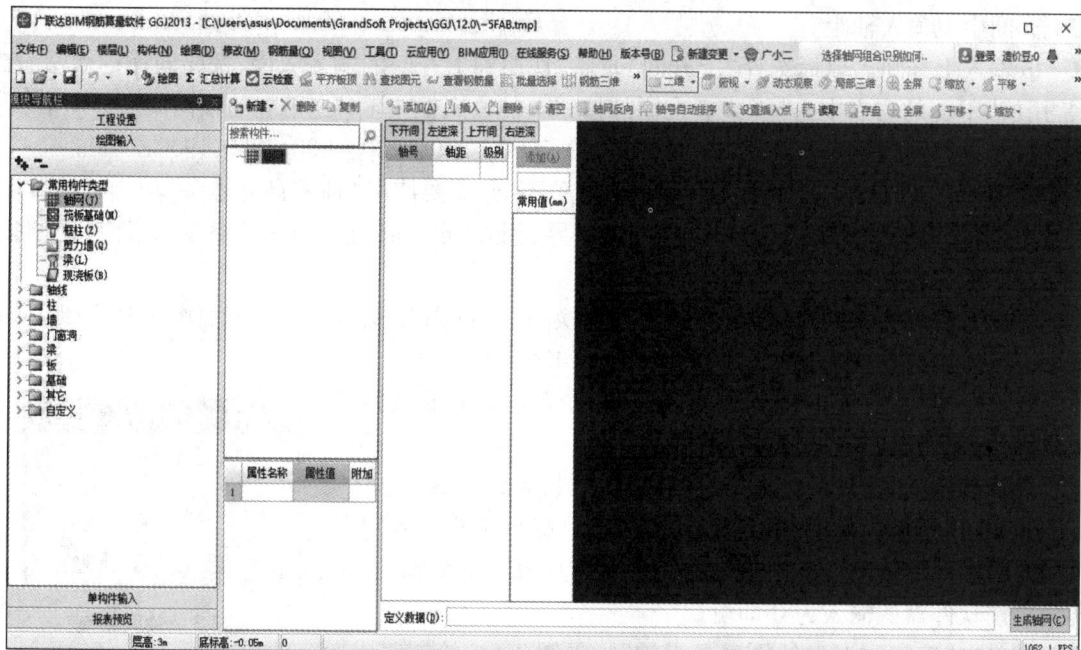

图 3.1　轴网定义

②查看建施-3一层平面图。该工程的轴网是简单的正交轴网,上下开间在⑨轴~⑪轴之间不同,左右进深相同。

③单击"新建"按钮,选择"新建正交轴网",新建"轴网-1",如图3.2所示。

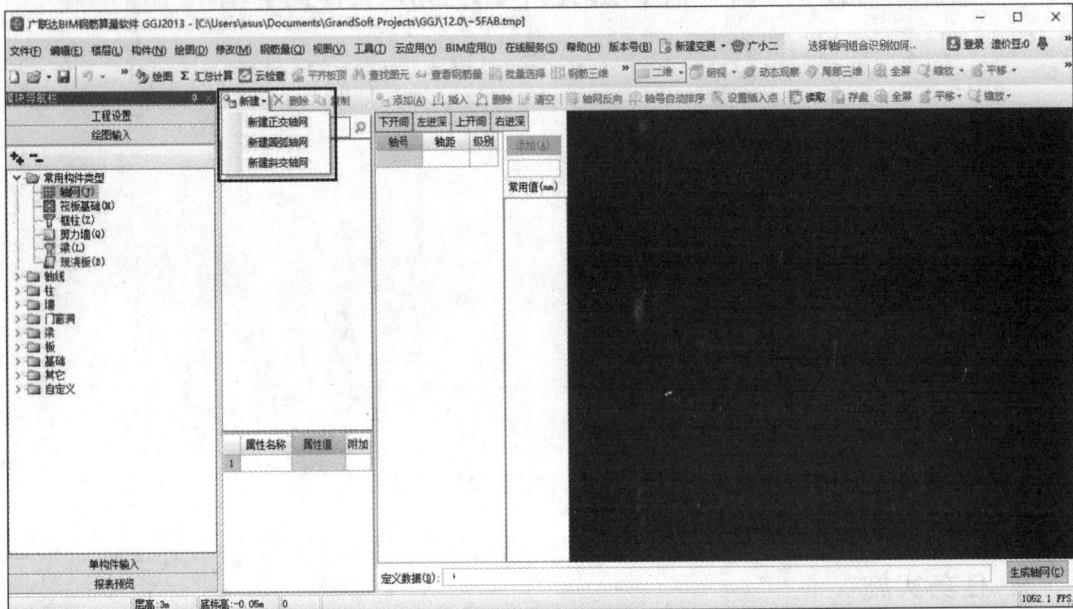

图3.2 新建轴网

④输入下开间。在"常用值"下面的列表中选择要输入的轴距,或者在"添加"按钮下的输入框中输入相应的轴网间距,单击"添加"按钮;按照图纸从左到右的顺序,下开间依次输入4800,4800,4800,7200,7200,7200,4800,4800,4800;本轴网上下开间在⑨轴~⑩轴不同,需要在上开间中也输入轴距。

⑤输入上开间。鼠标选择"上开间"页签,切换到上开间的输入界面;按照同样的做法,在"常用值"下面的列表中选择(或者在添加按钮下的输入框中输入)相应的轴网间距,单击"添加"按钮;上开间依次输入为4800,4800,4800,7200,7200,7200,4800,4800,1900,2900。

⑥轴网自动排序。由于上下开间输入数值不同,需要使用"轴网自动排序"功能对轴号重新排序;输入完上下开间之后,单击轴网显示界面上方的"轴号自动排序"命令,软件自动调整轴号与图纸一致。

⑦输入左进深。鼠标单击"左进深",切换到"左进深"的输入界面,按照图纸从下到上的顺序,依次输入左进深的轴距为7200,6000,2400,6900。

⑧可以看到,右侧的轴网图显示区域已经显示了定义的轴网,轴网定义完成,下一步要绘制轴网。

⑨轴网定义完毕后,单击"绘图"按钮,切换到绘图界面。

⑩弹出"请输入角度"对话框(见图3.3),提示用户输入定义轴网需要旋转的角度。本工程轴网为水平竖直向的正交轴网,旋转角度按软件默认输入为0即可。

⑪单击"确定"按钮,绘图区显示轴网(见图3.4),绘制完成。

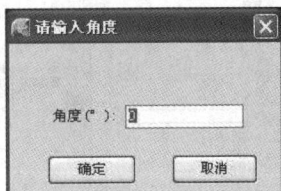

图3.3 轴网绘制

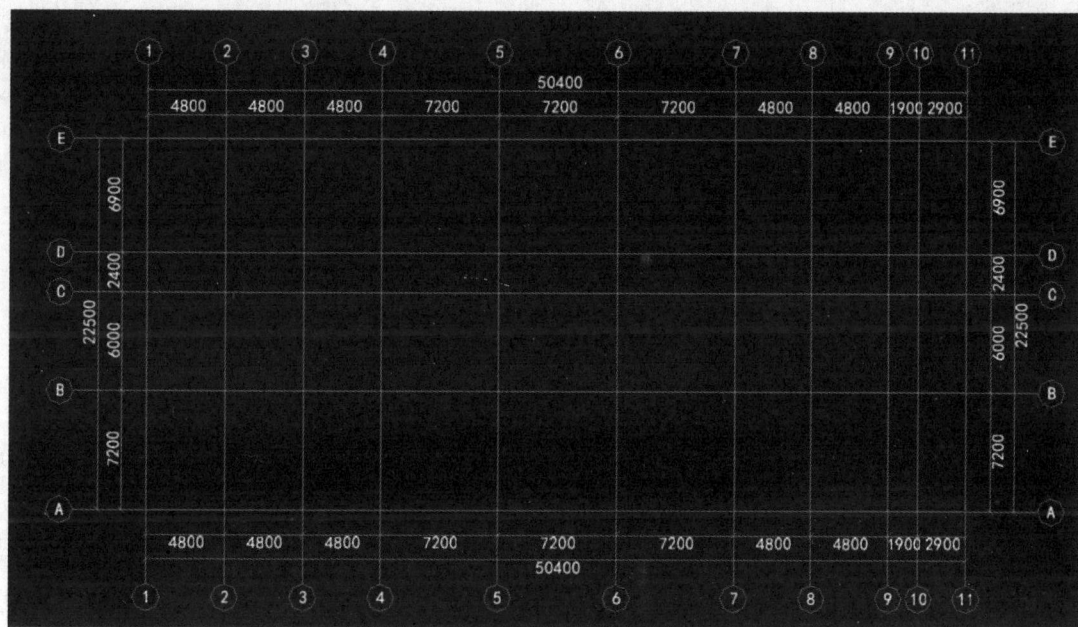

图3.4 轴网完成

知识拓展

(1)设置轴网的插入点:轴网的绘制,可以针对插入点进行设置,使用轴网定义界面的"设置插入点"功能,选择轴网中的某一点为绘制时的插入点。

(2)"旋转点"绘制轴网:如果轴网的方向与定义时的方向不同、需要作整体旋转,可以使用"旋转点"绘制的方法。

(3)当工程轴网比较复杂、直接建立一个轴网不能满足实际工程的需要时,还可分别建立多个轴网,然后在绘图时进行拼接,以完成对复杂轴网的建立。

(4)轴网的编辑:轴网绘制完毕后,如果需要对轴网图元进行编辑,可以使用"绘图工具栏"中的功能,如图3.5所示。

图3.5 绘图工具栏

(5)辅助轴线:为了方便绘制图元,软件提供了辅助轴线功能。现在辅助轴线作为常用的工具条(见图3.6),在每种构件的图层都可以使用,便于用户绘图和编辑。具体操作请参照《文字帮助》。

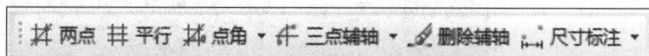

图3.6 轴网工具

3.2　柱构件的定义和绘制

一、任务说明

完成首层所有柱的定义和绘制(含梯柱)。

二、任务分析

①本工程涉及柱的图纸有结施-2,4,5,6,从图纸中分析可知:

a.柱类型有框架柱、约束边缘柱、构造边缘柱、构造柱4种。

b.柱分析要考虑柱的生根、各层柱的截面及配筋、顶层柱的类型。

c.思考梯柱的尺寸、高度从哪一张图纸能找到?

②柱钢筋算法分析如下:

a.框架柱的钢筋的计算规则,参见16G101-1图集第63—69页,分析柱中间层纵筋的长度计算、顶层柱纵筋的锚固方式。(可以列出相应的计算公式)

b.框架柱基础层插筋的计算规则,需参见16G101-3第66页柱纵向钢筋在基础中构造。

c.约束边缘柱、构造边缘柱钢筋计算规则参见16G101-1图集第75—77页。

三、任务实施

1)柱的定义方法

(1)直接定义柱

①在绘图输入的树状构件列表中选择"柱",单击"定义"按钮(见图3.7)。

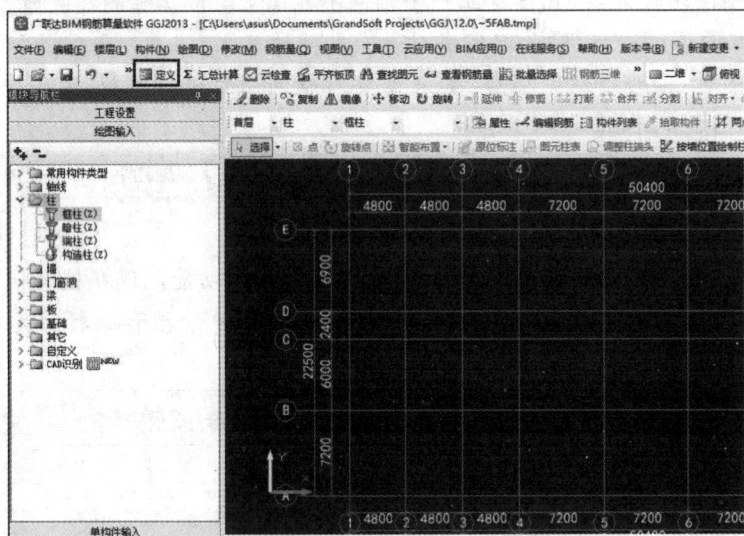

图3.7　定义柱

②进入框架柱的定义界面后,按照图纸,先新建KZ1(见图3.8)。单击"新建",选择"新

建矩形柱",新建 KZ1,其右侧显示 KZ1 的"属性编辑",供用户输入柱的信息。柱的属性主要包括柱类别、截面信息和钢筋信息,以及柱类型等,这些决定柱钢筋的计算,需要按图纸实际情况进行输入。下面以 KZ1 的属性输入为例来介绍柱构件的属性输入。

	属性名称	属性值	附加
1	名称	KZ1	
2	类别	框架柱	☐
3	截面编辑	否	
4	截面宽(B边)(mm)	600	☐
5	截面高(H边)(mm)	600	☐
6	全部纵筋		☐
7	角筋	4Φ22	☐
8	B边一侧中部筋	4Φ20	☐
9	H边一侧中部筋	4Φ20	☐
10	箍筋	Φ10@100/200	☐
11	肢数	4*4	
12	柱类型	(中柱)	
13	其它箍筋		
14	备注		☐
15	⊞ 芯柱		
20	⊞ 其它属性		
33	⊞ 锚固搭接		
48	⊞ 显示样式		

图 3.8　新建柱

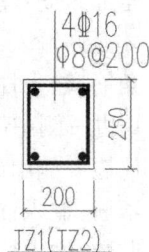

图 3.9　新建 TZ

③新建 TZ。以一号楼梯 TZ1 为例,其图示见图 3.9(图纸结施-15),其标高设置如图 3.10所示。

	属性名称	属性值	附加
1	名称	TZ1	
2	类别	框架柱	☐
3	截面编辑	否	
4	截面宽(B边)(mm)	200	☐
5	截面高(H边)(mm)	250	☐
6	全部纵筋	4Φ16	☐
7	角筋		
8	B边一侧中部筋		
9	H边一侧中部筋		
10	箍筋	Φ8@200	
11	肢数	2*2	
12	柱类型	(中柱)	☐
13	其它箍筋		
14	备注		☐
15	⊞ 芯柱		
20	⊟ 其它属性		
21	— 节点区箍筋		☐
22	— 汇总信息	柱	☐
23	— 保护层厚度(mm)	(25)	☐
24	— 上加密范围(mm)		☐
25	— 下加密范围(mm)		☐
26	— 插筋构造	设置插筋	☐
27	— 插筋信息		
28	— 计算设置	按默认计算设置计算	
29	— 节点设置	按默认节点设置计算	
30	— 搭接设置	按默认搭接设置计算	
31	— 顶标高(m)	层底标高+1.95	☐
32	— 底标高(m)	层底标高	☐
33	⊞ 锚固搭接		

图 3.10　定义一号楼梯 TZ1

（2）属性编辑

名称：软件默认按 KZ1,KZ2 顺序生成,可根据图纸实际情况手动修改名称。

类别：柱的类别有框架柱、框支柱、暗柱和端柱几种,不同类别的柱在计算时会采用不同的规则,需要对应图纸准确设置。对于 KZ1,在下拉框中选择"框架柱"类别,如图 3.11 所示。

	属性名称	属性值	附加
1	名称	KZ1	
2	类别	框架柱 ∨	☐
3	截面编辑	框架柱 转换柱 暗柱 端柱	
4	截面宽(B边)(mm)		☐
5	截面高(H边)(mm)		☐
6	全部纵筋		☐

图 3.11　柱类别

截面高和截面宽：按图纸输入"600""600"。

全部纵筋：输入柱的全部纵筋,该项在"角筋""B 边一侧中部筋""H 边一侧中部筋"均为空时才允许输入,不允许和这 3 项同时输入。

角筋：输入柱的角筋,按照柱表,KZ1 此处输入"4C22"。

B 边一侧中部筋：输入柱的 B 边一侧的中部筋,按照图纸,KZ1 此处输入"4C20"。

H 边一侧中部筋：输入柱的 H 边一侧的中部筋,按照柱表,KZ1 此处输入"4C20"。

箍筋：输入柱的箍筋信息,按照柱表,KZ1 此处输入"A10@ 100/200"。

肢数：输入柱的箍筋肢数,按照柱表,KZ1 此处输入"4×4"。

12	柱类型	(中柱) ∨
13	其它箍筋	角柱 边柱-B 边柱-H 中柱
14	备注	
15	⊞ 芯柱	

图 3.12　柱类型

柱类型：如图 3.12 所示,柱类型分为中柱、边柱和角柱,这对顶层柱的顶部锚固和弯折有影响,直接关系到计算结果。中间层均按中柱计算。在进行柱定义时,不用修改,在顶层绘制完柱后,使用软件提供的"自动判断边角柱"功能来判断柱的类型。

其他箍筋：如果柱中有和参数图中不同的箍筋或者拉筋,可以在"其他箍筋"中输入。新建箍筋,输入参数和钢筋信息来计算钢筋量,本构件没有则不输入。

附加：是指列在每个构件属性的后面显示可选择的方框,被勾选的项将被附加到构件名称后面,方便用户查找和使用。例如,把 KZ1 的截面高和截面宽勾选上,KZ1 的名称就显示为"KZ1 600×600"。

💡 说明

在 GGJ2013 中,用 A,B,C,D 分别代表一、二、三、四级钢筋,输入"4C22",表示 4 根直径 22 的三级筋。软件中箍筋输入时可以用"-"来代替"@"输入,输入更方便。

KZ-1 的属性输入完毕后,构件的定义完成,即可进行图元的绘制。

ⓘ 注意

蓝色属性是构件的公有属性,在属性修改中修改,会对图中所有同名构件生效;黑色属性为私有属性,修改时,只是对选中构件生效。

（3）柱表定义柱

本工程的柱是用柱表来表示的,可直接利用软件中"柱表"的功能来定义柱。

在"构件"菜单下选择"柱表"（见图 3.13）,会弹出"柱表定义"的对话框,单击"新建柱"→"新建柱层",此时只需要按照图纸中的柱表,将柱信息抄写到"柱表定义"中即可。

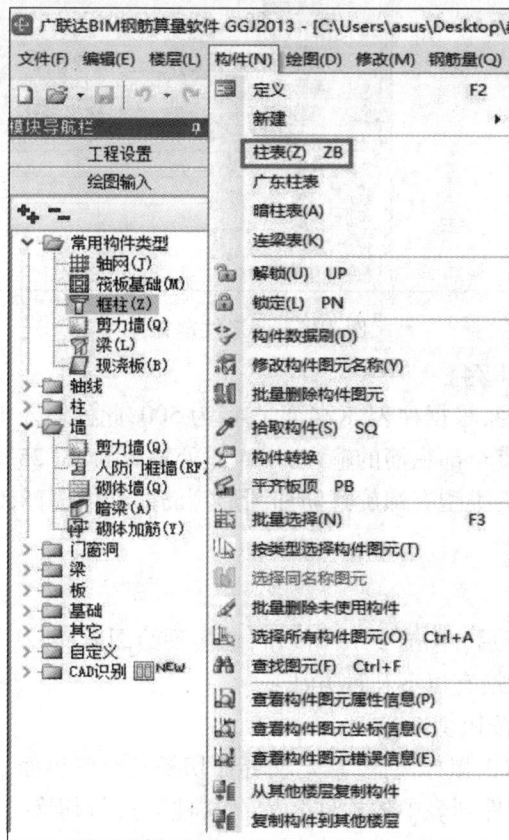

图 3.13　柱表

如图 3.14 所示,输入柱信息后,单击"生成构件",软件自动在对应的层新建柱构件,即通过"柱表"完成了柱的定义。

柱列表:

柱号/标高(m)	楼层编号	b*h(mm)(圆柱直径)	b1(mm)	b2(mm)	h1(mm)	h2(mm)	全部纵筋	角筋	b边一侧中部筋	h边一侧中部筋	箍筋类型号	箍筋	其它箍筋
− KZ1											4*4		
└ −0.1~15.5	1, 2, 3, 4	600*600	300	300	300	300		4Φ22	4Φ20	4Φ20	(4*4)	Φ10@100/200	
− KZ2											4*4		
└ −0.1~7.7	1, 2	850					8Φ25				(4*4)	Φ10@100/200	
− KZ3											4*4		
└ 7.7~15.5	3, 4	600*600	300	300	300	300		4Φ22	4Φ20	4Φ20	(4*4)	Φ8@100/200	

图 3.14　柱表定义柱

（4）圆形柱的定义

下面以 KZ4 为例,介绍圆形柱的定义。因其大部分属性是和矩形柱一致的,所以相同的就不作详细描述,主要介绍与矩形柱有差别的内容,如图 3.15 所示。

单击"新建"按钮,选择"新建圆形柱",软件按顺序生成 KZ2。

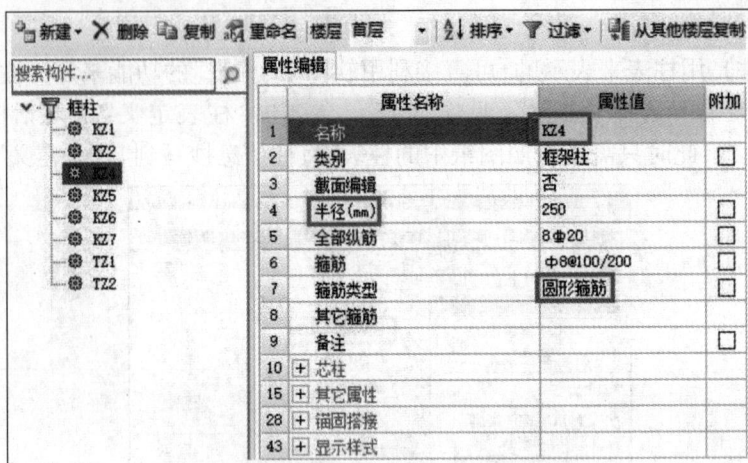

图 3.15　圆形柱定义

名称:把 KZ2 修改为 KZ4。

半径:输入圆柱的半径,根据柱表,KZ4 的直径为 500,此处输入半径为"250"。

全部纵筋:圆形柱只有全部纵筋的输入,KZ4 此处输入为"8C25"。

箍筋类型:圆柱的箍筋类型有螺旋箍筋和圆形箍筋两种供选择,KZ4 此处选择圆形箍筋。

2)柱的绘制方法

(1)点绘制柱

框架柱 KZ1 定义完毕后,单击"绘图"按钮,切换到绘图界面。

定义和绘图之间的切换有以下几种方法:

①单击"定义/绘图"按钮切换。

②在"构件列表区"双击鼠标左键,从定义界面切换到绘图界面。

③双击左侧的树状构件列表中的构件名称,如"柱",进行切换。

切换到绘图界面后,软件默认的是"点"画法,按照结施-13 中柱的位置,点式绘制 KZ1。

鼠标左键选择②轴和Ⓔ轴的交点,绘制 KZ1。"点"绘制,是柱最常用的绘制方法,采用同样的方法绘制其他名称为 KZ1 的柱。

在绘制过程中,可直接在工具栏切换柱构件,如图 3.16 所示。

(2)智能布置柱

当图中某区域轴线相交处的柱都相同时,可采用"智能布置"的方法来绘制柱。如结施-4 中,⑦、⑧轴与Ⓒ、Ⓓ轴的 4 个交点处都为 KZ1,即可利用此功能快速布置。选择 KZ1,单击绘图工具栏"智能布置",选择按"轴线"布置,如图 3.17 所示。

然后在图框中框选要布置柱的范围,单击右键确定,则软件自动在所有范围内所有轴线相交处布置上 KZ1,如图 3.18 所示。

(3)偏移绘制柱

KZ4 定义完毕,切换到绘图界面,用"点"画法绘制图元。图纸中显示,KZ4 不在轴网交点上,不能直接用鼠标选择点绘制,需要使用"Shift 键+鼠标左键"相对于基准点偏移绘制。

把鼠标放在Ⓑ轴和④轴的交点处,显示为🔳;同时按下键盘上的"Shift"键和鼠标左键,弹出"输入偏移量"对话框。

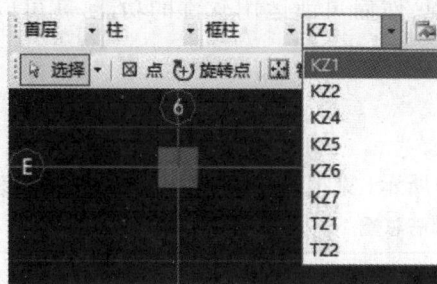

图 3.16 工具栏切换柱

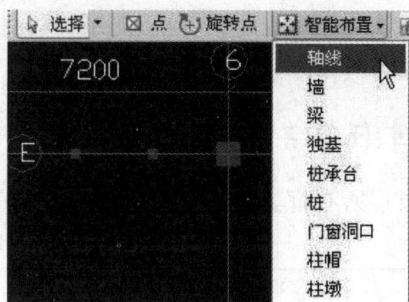

图 3.17 智能布置柱

由图纸可知,KZ4 的中心相对于⑧与④轴交点向下偏移 2250,在对话框中输入 X = "0", Y = "-2250",表示水平方向偏移量为 0,竖直方向向下偏移 2250。

X 输入为正时表示相对于基准点向右偏移,输入为负表示相对于基准点向左偏移;Y 输入为正时表示相对于基准点向上偏移,输入为负表示相对于基准点向下偏移,如图 3.19 所示。

单击"确定"按钮,就绘制上了 KZ4,如图 3.20 所示。

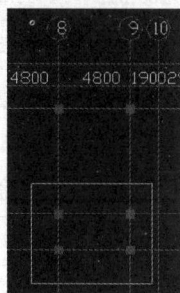

图 3.18 按轴线布置柱

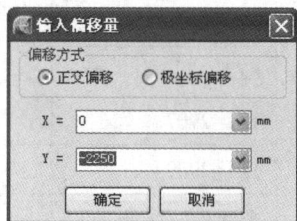

图 3.19 偏移绘制柱

图 3.20 偏移绘制柱结果

(4)镜像

分析结施-13 的柱平面图,发现本层一部分柱是对称分布的,此时可以使用"绘图"菜单下的"镜像"功能来进行对称的复制,能成倍地提高工作效率。

例如④轴上的圆柱 KZ4 与⑦轴是完全对称的,这时便可使用镜像功能快速复制。选择两个圆柱 KZ4,然后运行"镜像"功能,利用鼠标选择两点对称轴,单击右键确定,即可通过"镜像"达到快速复制的操作,如图 3.21 所示。

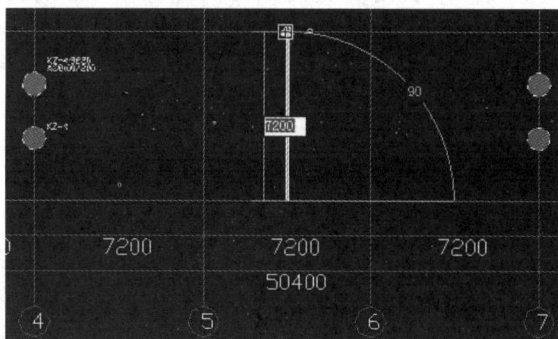

图 3.21 镜像

在实际做工程时,先分析图纸,找出图纸的特点,然后灵活运用软件的功能,就可以大大提高工作效率。

四、任务结果

首层所有框架柱的钢筋工程量统计表如表 3.1 所示(见报表中《构件汇总信息明细表》)。

表 3.1　首层柱钢筋总重

汇总信息	汇总信息 钢筋总重 kg	构件名称	构件 数量	HPB300	HRB400
楼层名称:首层(绘图输入)				2484.649	7231.912
柱	9716.561	KZ1[21]	6	568.538	1499.14
		KZ1[23]	12	1137.077	2998.281
		KZ6[36]	3	284.269	749.57
		KZ7[40]	2	189.513	499.713
		KZ4[46]	4	81.255	382.158
		KZ5[54]	6	102.353	705.33
		KZ2[67]	2	102.339	312.62
		TZ2[2907]	1	3.867	17.02
		TZ1[2909]	4	15.468	68.079
		合计		2484.649	7231.912

同学间可通过钢筋对量软件对比钢筋量,并查找差异原因。

知识拓展

(1)框架柱的绘制主要使用"点"绘制,或者用偏移辅助"点"绘制。上面讲的柱中心都在轴网上,如果有相对于轴线偏心的柱,则可以使用以下两种方法进行偏心的设置和修改:

①使用柱"属性编辑"中的"参数图"(见图 3.22),进行偏心 0 的设置,再绘制到图上。

②也可绘制完图元后,选中图元,使用"绘图"菜单中的"查改标注"来修改偏心。具体操作请参考软件内置的《文字帮助》中的相关内容。

(2)"构件列表"功能:绘图时,如果有多个构件,可以在"构件工具条"上选择构件,如
`首层 ▾ 柱 ▾ 柱 ▾ KZ-1 ▾ `;也可以通过"视图"菜单下的"构件列表"来显示所有的构件,方便绘图时选择使用,如图 3.23 所示。

(3)如果需要修改已经绘制的图元的名称,可以采用以下两种方法:

①"修改构件图元名称"功能:如果需要把一个构件的名称替换为另外的名称,例如要把 KZ6 修改为 KZ1,可以使用"构件"菜单下的"修改构件图元名称"功能,具体操作请参照《文字帮助》。

	属性名称	属性值
1	名称	KZ1
2	类别	框架柱
3	截面编辑	否
4	截面宽(B边)(mm)	600
5	截面高(H边)(mm)	600
6	全部纵筋	
7	角筋	4Φ22
8	B边一侧中部筋	4Φ20
9	H边一侧中部筋	4Φ20
10	箍筋	Φ10@100/200
11	肢数	4*4
12	柱类型	(中柱)
13	其它箍筋	

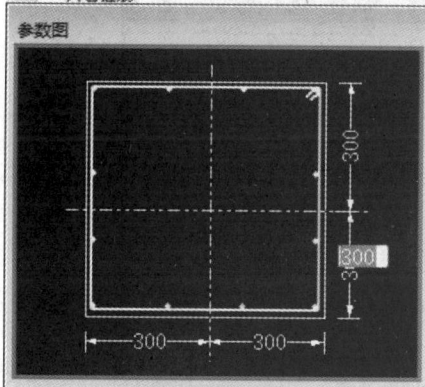

图 3.22　属性修改

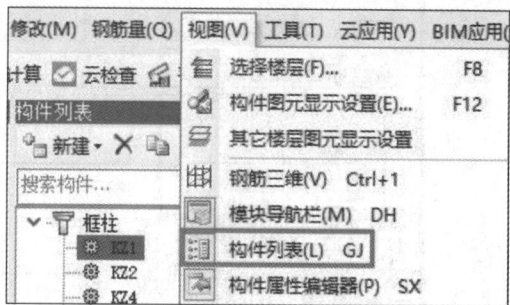

图 3.23　构件列表

②选中图元,点开图元属性框,在弹出的"属性编辑器"对话框中显示图元的属性,点开下拉名称列表,选择需要的名称,如图 3.24 所示。

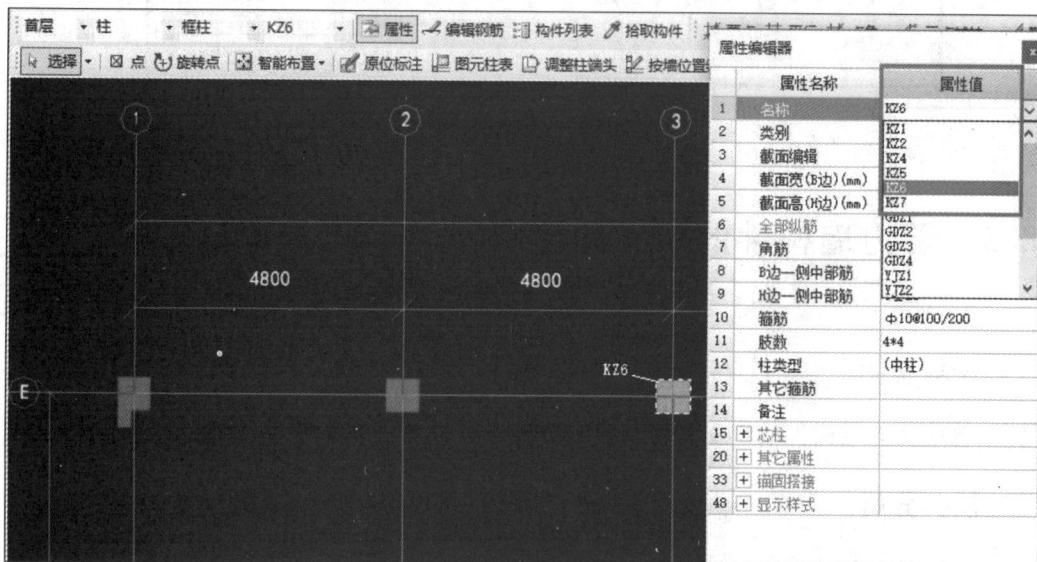

图 3.24　修改构件名称

（4）"构件图元名称显示"功能：柱构件绘制到图上后，如果需要在图上显示图元的名称，可以使用"视图"菜单下的"构件图元显示设置"功能，在图上显示图元的名称，方便查看和修改。

（5）柱的属性中有标高的设置，包括底标高和顶标高，软件默认竖向构件是按照层底标高和层顶标高，用户可根据实际情况修改构件或者图元的标高。

（6）构件属性中的"其他箍筋"部分，除了可以输入箍筋外，还可以输入其他各种形式的钢筋（见图3.25），供用户根据实际情况添加。具体的输入方法请参照备查手册"零星结构"部分的"直接输入法"中的介绍。

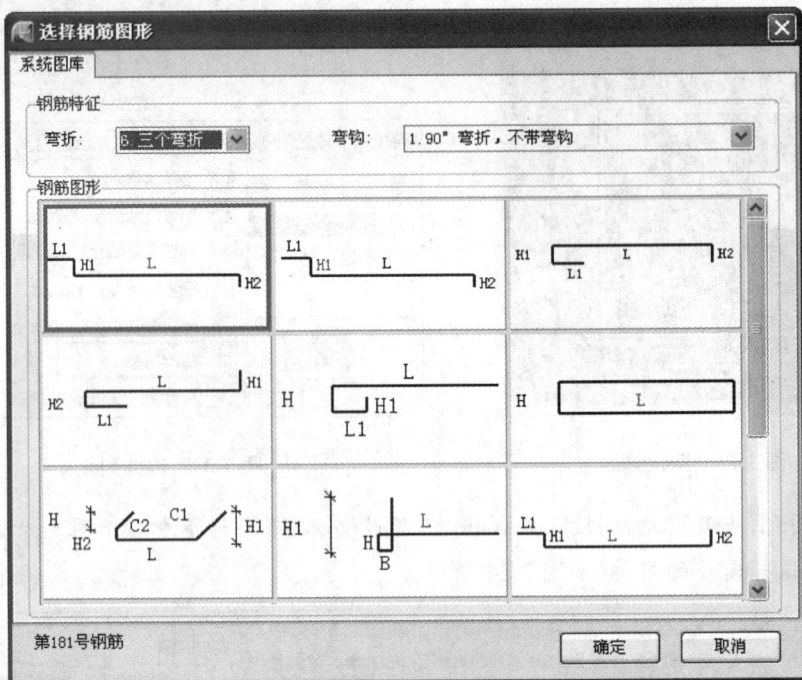

图3.25 其他钢筋

3.3 剪力墙构件的定义和绘制

一、任务说明

完成首层剪力墙构件的定义和绘制（包括剪力墙、连梁、暗梁、暗柱、端柱）。

二、任务分析

（1）剪力墙图纸分析

本工程涉及剪力墙的图纸有结施-2,4,5,6。

①本工程为框架剪力墙结构，墙生根在基础底板与基础梁。

②查看各层墙的水平位置。

③分析约束边缘柱、构造边缘柱、连梁、暗梁的配筋、尺寸与位置。

（2）剪力墙配筋构造分析

①剪力墙的墙身钢筋的规则，参见 16G101-1。

②分析剪力墙的水平钢筋、垂直钢筋的构造。

③分析暗柱、端柱的纵向钢筋构造。

④分析暗梁、连梁的配筋。

三、任务实施

1）剪力墙的定义

首先定义剪力墙，在软件界面左侧的构件列表区，选择"墙"构件组下的"剪力墙"，单击"定义"按钮，进入剪力墙的定义界面。下面以 Q2 为例，参照结施-5 中的"剪力墙表"来定义构件，如图 3.26 所示。

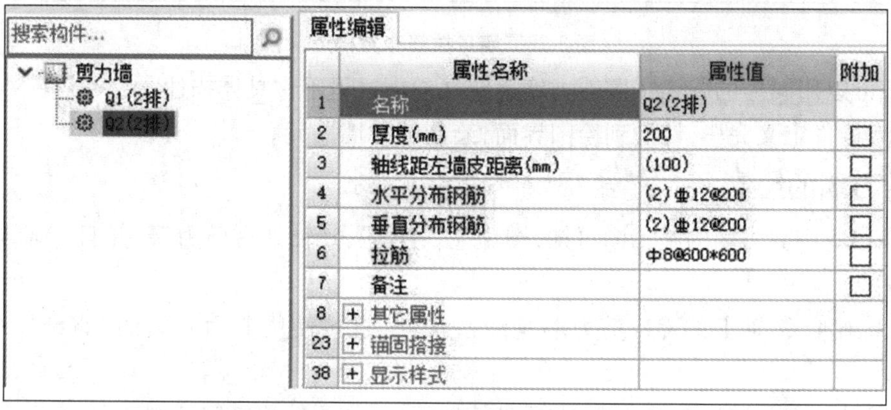

图 3.26　定义剪力墙

名称：修改名称为图纸中的 Q2。

厚度：输入"200"，单位为 mm。

轴线距左边线距离：是指轴线距离墙的左边线的距离。左边线是指绘制方向的左侧边线，用来设置线状构件的中心线相对于轴线的偏移。软件默认为不偏移，在构件定义时可以不用修改，先绘制到图上，根据具体情况再作修改。

水平分布钢筋和垂直分布筋：按照图纸输入"（2）C12@200"。

拉筋：结施-2 结构总说明中，剪力墙拉筋为梅花布置，横向和竖向间距均为 600，此处输入为"A8@600*600"；点开"其他属性"，单击"节点设置"的三点按钮，如图 3.27 所示。

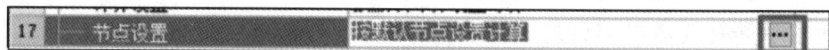

图 3.27　节点设置——修改拉筋

然后，在第 31 项"墙身拉筋布置构造"中，选择"梅花布置"节点即可（见图 3.28）。

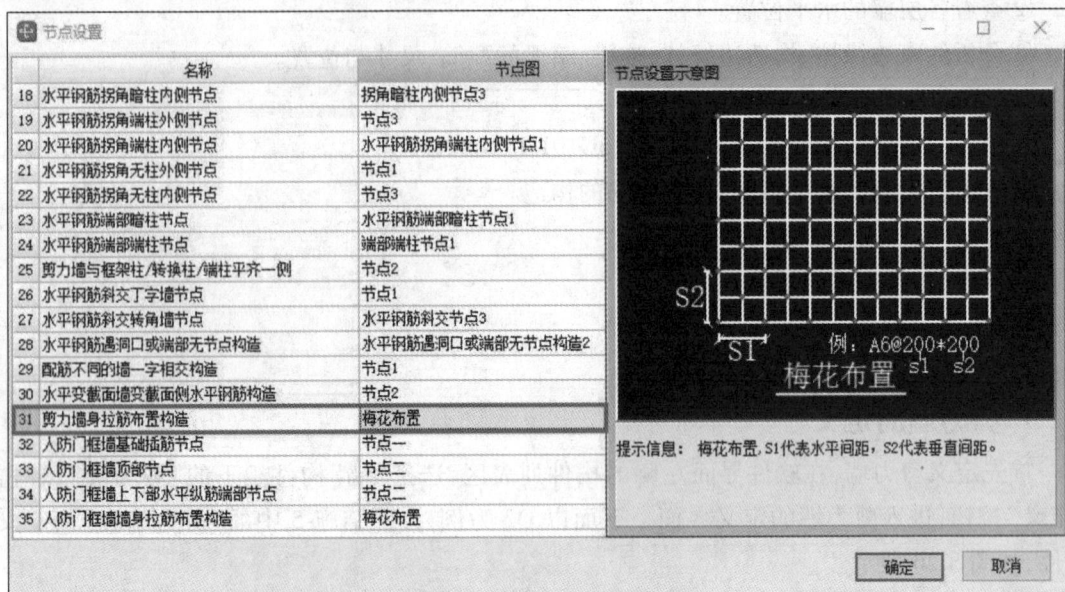

图 3.28　墙身拉筋布置构造

下面,可以用同样的方式按照剪力墙表定义 Q1,这里不作具体描述。

剪力墙构件定义完毕,切换到绘图界面,绘制剪力墙图元。

2)剪力墙的绘制

由结施-05 中剪力墙的施工图可知,图中①、④、⑦、⑪轴处有剪力墙,并且①轴与⑪轴的 Q1 不在轴线上。

首先来画④、⑦轴上的 Q1,剪力墙是线性构件,直接使用前面介绍的"直线"的方法来绘制。

由于⑪轴线上的墙不在轴线上,在这种情况下,可使用偏移绘制的方法。

①在"构件工具条"中选择 Q1。

②选择剪力墙的起点:鼠标放在①轴与Ⓔ轴的交点,同时按下键盘上的"Shift"键和鼠标左键,弹出"输入偏移值"对话框,输入 X = "−50−150"(或是直接输入−200),Y = "0"。单击确定,确定剪力墙的起点。

③重复第②步,鼠标单击①轴与Ⓑ轴交点,同时按下键盘上的"Shift"键和鼠标左键,在"输入偏移值"对话框中输入 X = "−200",Y = "0",单击"确定"按钮,绘制 Q1 成功,如图 3.29 所示。

按照同样的做法,绘制其他位置的剪力墙。剪力墙全部绘制完成后,显示如图 3.30 所示。

在所有门窗洞口的位置也需要绘制剪力墙,然后布置门窗和连梁。连梁如果没有侧面纵筋,剪力墙的水平筋是要通过连梁的,所以剪力墙要通过连梁的位置。

3)门窗洞口的定义

参照建施-3 进行门窗洞口的定义和绘制。首先,按门窗表来定义门窗洞口。下面以 JXM1 为例来演示门窗洞口的定义和绘制。

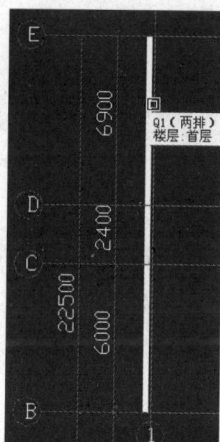

图 3.29　偏移绘制墙

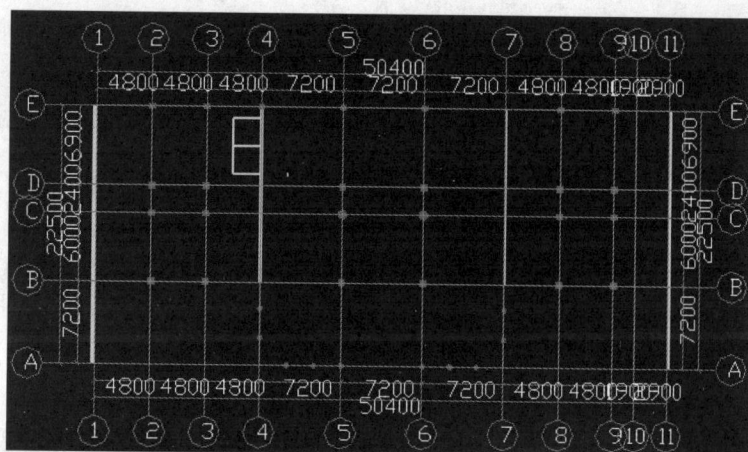

图 3.30　首层剪力墙绘制完成

在构件列表中选择"门窗洞"构件组下的"门",切换到定义界面,如图 3.31 所示。

名称:修改为 JXM1。

洞口宽度和洞口高度:根据门窗表输入 JXM1 的宽度和高度分别为"550"和"2000"。

离地高度:JXM1 离地高度为 0,窗的离地高度可以由建筑施工图立面图得到。

洞口每侧加强筋:洞口一侧的加强筋信息,按照图纸中设置的输入,本工程中门窗没有加强筋,不用输入。

斜加筋和其他钢筋:同上。

汇总信息:是指属性中输入的钢筋,在汇总出报表的时候按其名称类别出量。

备注:用户可以输入需要备注的内容。

按照同样的方法,定义本层其他的门和窗。

4)门窗洞口的绘制

门构件定义完毕后,切换到绘图输入,绘制门图元。门窗洞口最常用的绘制方式是"点"绘制,门窗洞口的"点"绘制提供了输入定位尺寸的方法。

选择构件,选择"点"按钮,把鼠标移到门窗洞口所在的墙上,显示如图 3.32 所示。

	属性名称	属性值	附加
1	名称	JXM1	☐
2	洞口宽度(mm)	550	☐
3	洞口高度(mm)	2200	☐
4	离地高度(mm)	0	☐
5	洞口每侧加强筋		☐
6	斜加筋		☐
7	其他钢筋		
8	汇总信息	洞口加强筋	☐
9	备注		☐

图 3.31　定义门窗洞口

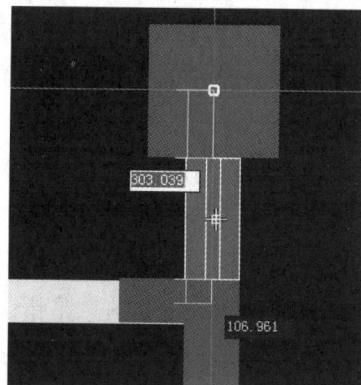

图 3.32　"点"绘制门窗

按"Tab"键在输入框之间切换,输入相应的距离,按"Enter"键确定,即可绘制上。

下面主要以 JXM1 为例,介绍门窗洞口的"精确布置"方法。

①在"构件工具条"中选择 JXM1,在"绘图工具条"中选择"精确布置"。

②JXM1 位于④轴、Ⓓ轴和Ⓔ轴之间的剪力墙上。按照绘图区下方的提示,选择 JXM1 所在的剪力墙。

③鼠标单击Ⓔ轴和④轴的交点,软件弹出输入偏移值对话框(见图3.33),箭头显示正向的方向,偏移值输入"300",表示门的插入点位于Ⓔ轴和④轴交点下方 300 mm 处。此处门的插入点是指门距离基准点较近的端点。

④单击"确定"按钮后,门布置在相应的位置,如图3.34所示。

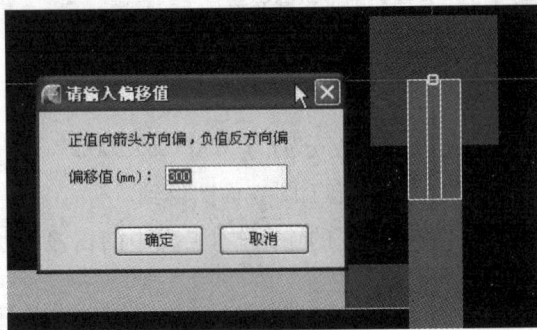

图 3.33　精确布置——输入偏移值

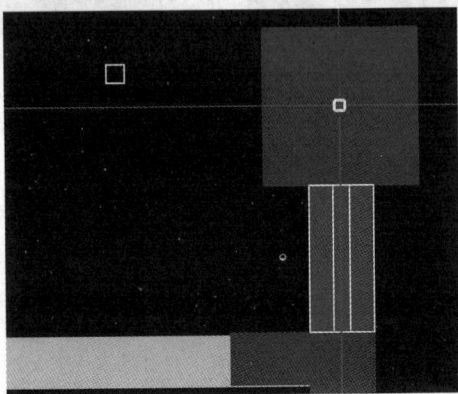

图 3.34　精确布置——绘制门窗

采用"精确布置"的方法,或者"点"画法,布置上其他的门和窗。

5)端柱的定义

绘制完剪力墙,下一步绘制墙柱,首先绘制端柱。

在树状构件列表中选择"墙"构件组下的"端柱",切换到定义界面。

查看结施-6 中的地上部分的剪力墙柱表,按照表中信息定义端柱。下面以 GDZ1 为例,介绍参数化端柱的定义方法。

在软件中,各类的柱都有以下几种截面形式:矩形柱、圆形柱、异形柱和参数化柱。前面在框架柱的绘制部分介绍了矩形柱和圆形柱的定义和绘制,这里通过端柱的定义和绘制来介绍参数化柱。

①切换到端柱的定义界面,新建参数化端柱,弹出如图3.35所示的"选择参数化图形"界面。

②选择"L-a 型"截面,单击"确定"按钮,进入属性编辑界面,如图3.36所示。把属性编辑第 3 条修改为"是",进入截面编辑。

此时软件默认的钢筋信息是错误的,需要根据图纸修改正确,修改步骤如下:

a.拉框选择截面编辑框内的钢筋,单击右键删除。

b.单击截面编辑界面左上角布角筋,在钢筋信息后面输入钢筋信息 1C20 并单击右键,角筋就布置好了,如图3.37所示。

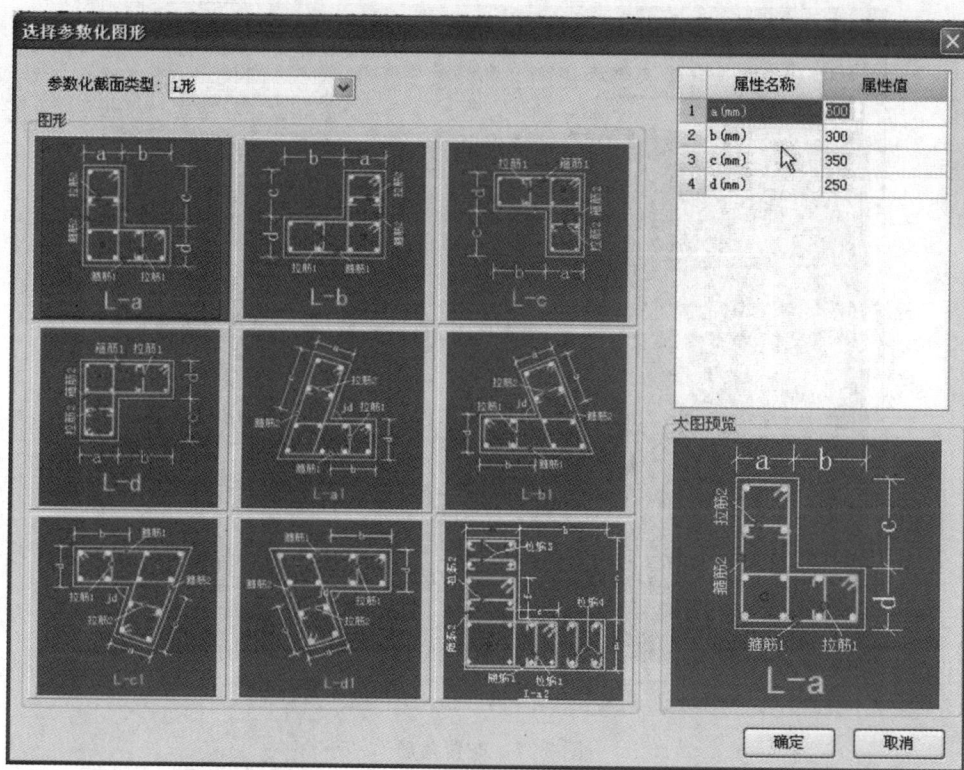

图 3.35 定义参数化端柱

图 3.36 定义端柱

c.根据图纸可知,边筋信息为"2C20"。单击布边筋,并在钢筋信息后面输入钢筋信息
"2C20",单击上下两条边线,如图 3.38 所示。

d.单击布边筋,在钢筋信息后面输入钢筋信息"1C20",再单击其他边线,如图 3.39 所示。

e.定义好的钢筋信息需要和图纸的信息保持一致,因此需要修改不一样的钢筋信息。如
图 3.40 所示,单击修改纵筋,框选右下角 5 根钢筋后单击右键,在钢筋信息框输入"5C16"。

图 3.37 布置角筋

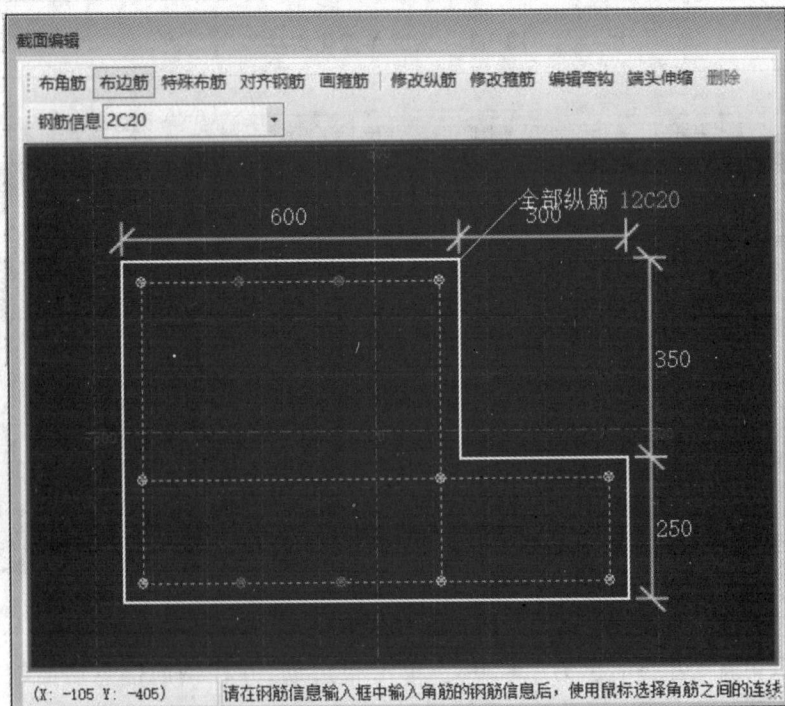

图 3.38 布置边筋

f.画箍筋。画箍筋的方法如图 3.41 所示,需要根据箍筋类型选择操作步骤,此处选择矩形(见图 3.41)。

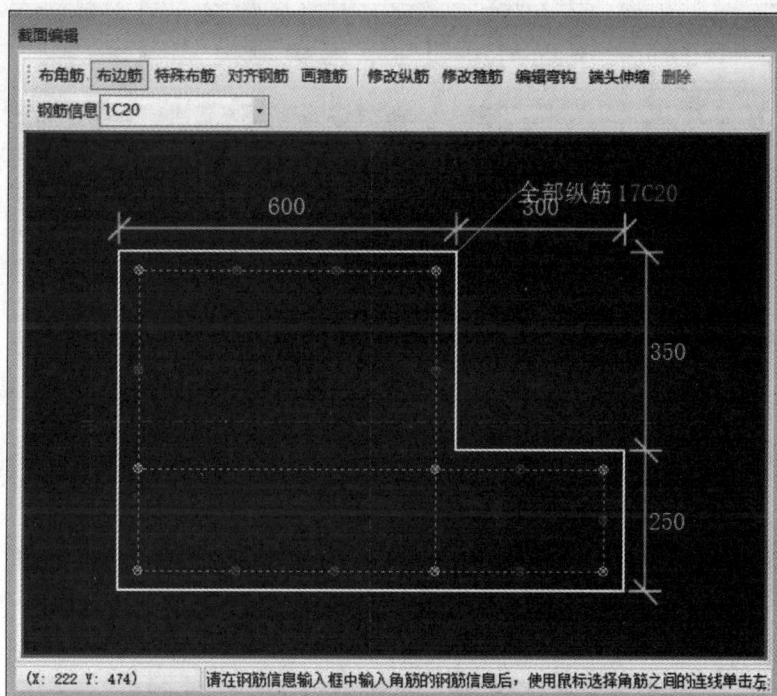

图 3.39　布置其他边筋

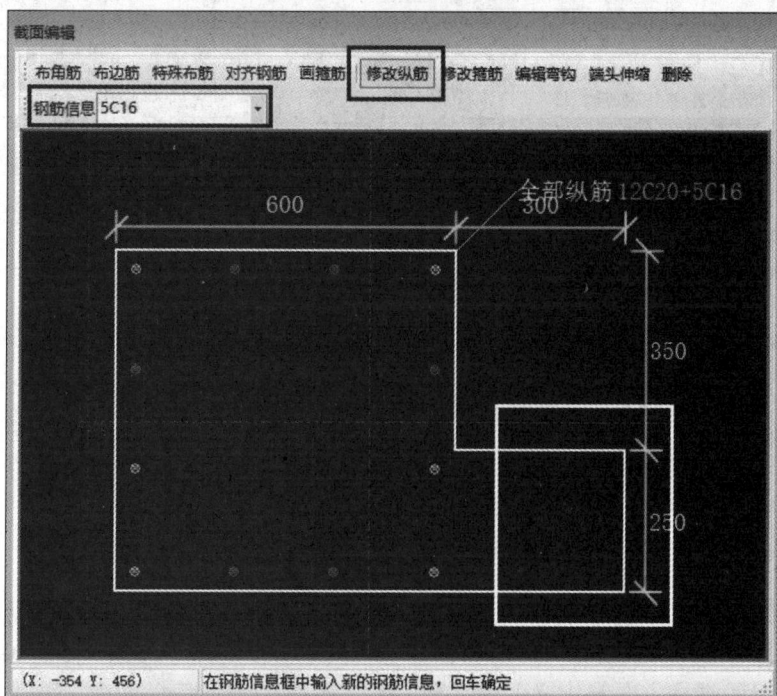

图 3.40　修改纵筋

单击中间柱左上角钢筋,然后单击中间柱右下角钢筋,这样箍筋就画好了(见图 3.42)。
用矩形或者直线的方法绘制好 GDZ1 的其他箍筋,如图 3.43 所示。

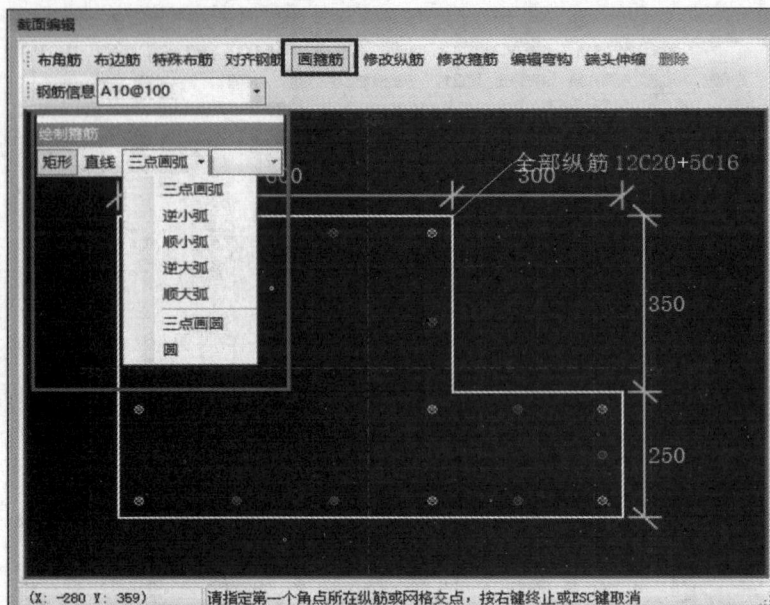

图 3.41　画箍筋

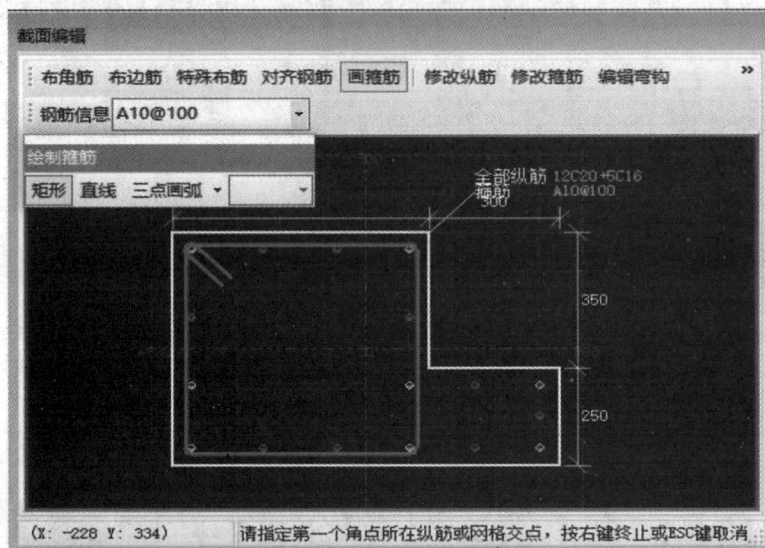

图 3.42　画端柱箍筋

6)端柱的绘制

（1）绘制方法一

切换到绘图界面,参照结施-13,以Ⓔ轴和①轴交点的 GDZ1 为例来介绍参数化端柱的绘制。由于该位置的端柱方向与定义的不一致,需要采用"旋转点"绘制的方法。

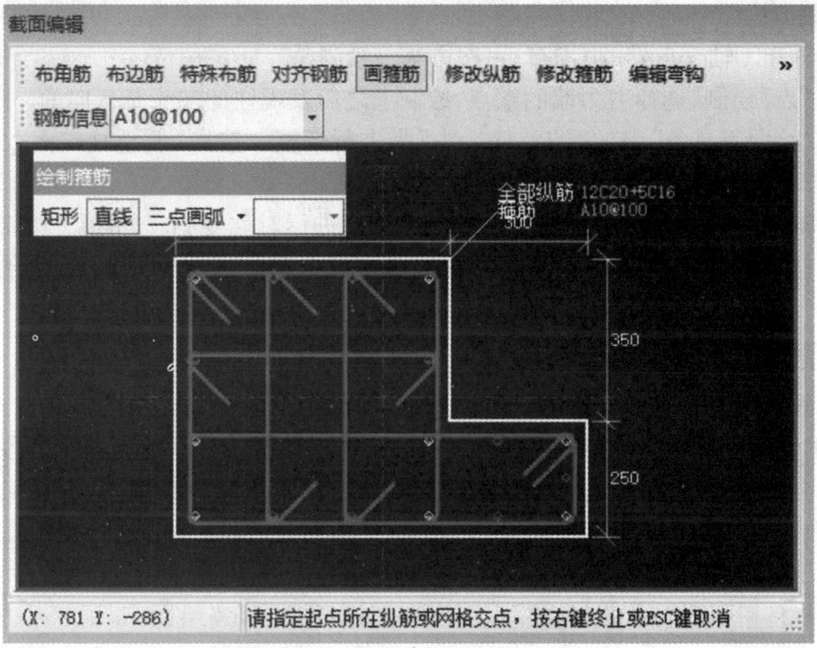

图 3.43　GDZ1 箍筋

①如图 3.44 所示,在"构件工具条"中选择 GDZ1 构件,在"绘图工具条"中选择"旋转点"命令按钮。

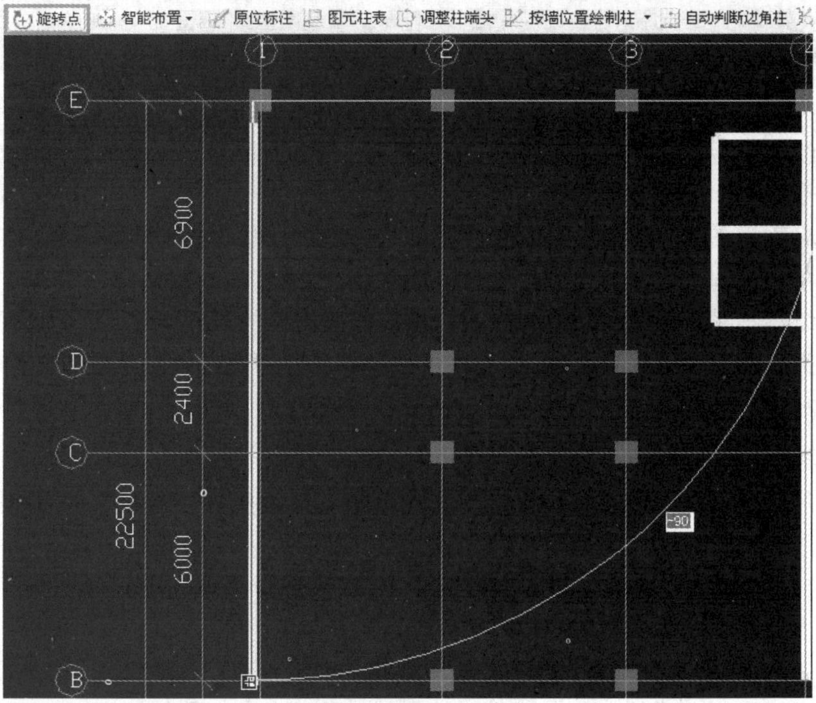

图 3.44　旋转点绘制端柱

②鼠标左键选择Ｅ轴和①轴交点处的剪力墙的端点,然后选择该剪力墙的另外一个端点,则该位置端柱绘制完成。

（2）绘制方法二

对于Ⓐ轴和①轴交点处的 GDZ1，可按方法二绘制。

①选择"点"绘制，选择剪力墙的端点，绘制上之后发现柱的端头是反向的。

②选择"绘图工具条"中的"调整柱端头"来进行调整。选择"调整柱端头"命令按钮，选择柱的端头，调整成功。

对于⑪轴上的两个 GDZ1，可以使用"镜像"功能进行对称复制。"镜像"功能的操作方法请参照框架柱绘图部分的介绍。其他位置的端柱根据实际情况采用相应的绘制方法进行绘制。

7）暗柱的定义与绘制

暗柱截面形式为 L 形和 T 形的，也可以按照前面介绍的参数化柱的定义方式先定义，然后绘制，这里介绍另外一种绘制暗柱的方法——自适应布置暗柱。前面介绍的各种构件都是先定义构件再绘制图元，而自适应布置暗柱的绘制方法是按照先绘制图元、再修改属性反向建立构件的流程。下面以③~④轴 Q2 的 L 形转角暗柱 YJZ1 为例，介绍自适应布置柱的方法。

①选择构件树状列表中的"暗柱"，切换到暗柱的图层，在"绘图工具栏"中选择"自适应布置柱"。

②如图 3.45 所示，选择"自适应布置柱"，单击选择要布置柱的剪力墙的交点，生成 AZ1（见图 3.46）。

图 3.45　自适应布置暗柱 1

③图元绘制完后，下面通过修改图元的属性来反建构件。选中刚绘制的 AZ1 的图元，单击"属性"按钮，弹出"属性编辑框"。

④修改名称为 YJZ1，在参数图中修改截面尺寸，在属性中输入钢筋信息，结果如图 3.47 所示。钢筋信息的输入方法与参数化端柱方法一致，参见端柱的定义部分。

通过先绘制图元，再修改名称反建构件，然后修改构件的属性，就完成了暗柱的绘制。这种方法对各类柱都适用，在实际工程绘制中可以根据实际情况选择合适的方式绘制。

8）连梁的定义与绘制

（1）连梁的定义

剪力墙的端柱、暗柱绘制完成后，接下来绘制连梁。结施-5 中标明了连梁表。连梁的定义也可以采用直接定义和连梁表定义两种，这里按照图纸，采用连梁表的定义方法。

①单击"门窗洞"→"连梁"，进入连梁的绘图，然后选择菜单"构件"下"连梁表"功能，弹出如图 3.48 所示的"连梁表定义"对话框。

②以 LL1 为例，在框中单击"新建梁"，参照连梁表输入连梁的属性。

③输入完成后，单击"新建梁层"，编辑楼层编号及信息不一致的地方。

④然后再输入其他连梁，完成后单击生成构件，完成连梁的定义。

图 3.46 自适应布置暗柱 2

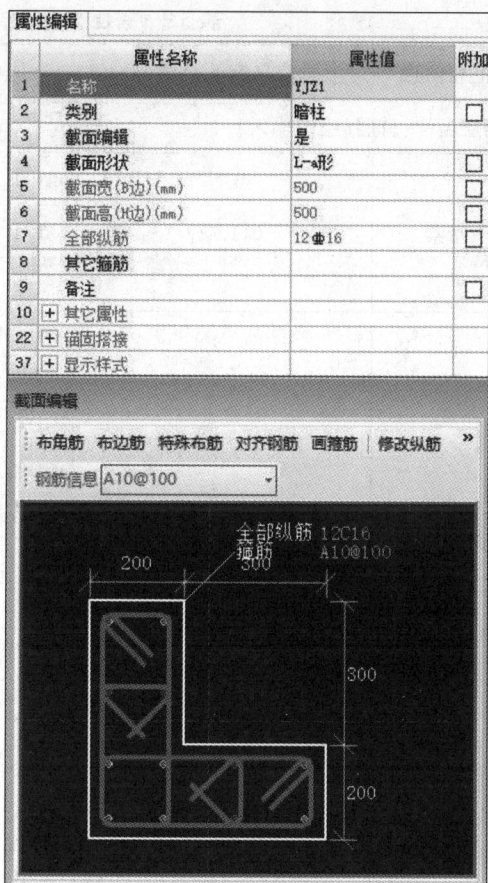

图 3.47 修改暗柱属性

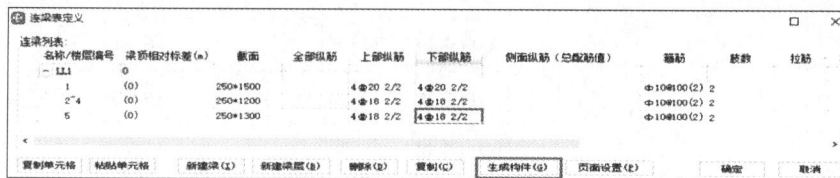

图 3.48 连梁表定义连梁

（2）连梁的绘制

定义完连梁，下面回到绘图界面绘制连梁图元。可直接采用点或直线绘制的方法，对照图纸，将连梁绘制到图上。如果在绘制连梁时已经画好了门窗，也可采用"智能布置"，根据门窗、洞口布置连梁。

四、任务结果

构件汇总信息明细如表 3.2 所示。

表 3.2　首层剪力墙结构所有构件钢筋总重

汇总信息	汇总信息钢筋总重(kg)	构件名称	构件数量	HPB300	HRB400
楼层名称:首层(绘图输入)				3712.832	8734.318
暗梁	611.729	AL-1[126]	4	75.334	252.928
		AL-1[127]	3	67.095	216.372
		合计		142.429	469.3
暗柱/端柱	6829.215	GDZ3[148]	6	940.604	1131.717
		GDZ4[152]	1	156.767	188.62
		GDZ1[159]	4	706.835	754.478
		GDZ2[162]	4	752.444	846.15
		YJZ1[186]	2	180.263	183.343
		YJZ2[191]	1	107.407	91.672
		YYZ3[196]	1	114.515	122.229
		YYZ2[203]	1	144.131	137.507
		YYZ1[206]	1	133.025	137.507
		合计		3235.992	3593.223
剪力墙	4401.508	Q1(2排)[69]	1	16.748	445.243
		Q1(2排)[71]	1	19.908	491.952
		Q1(2排)[73]	1	19.908	501.581
		Q1(2排)[75]	1	16.748	426.329
		Q1(2排)[77]	1	16.748	448.245
		Q1(2排)[79]	1	19.908	498.79
		Q1(2排)[81]	1	16.748	451.832
		Q1(2排)[83]	1		84.582
		Q1(2排)[86]	1		38.708
		Q2(2排)[88]	1	5.254	175.638
		Q2(2排)[90]	1	10.507	323.303
		Q2(2排)[91]	1	5.254	168.924
		Q2(2排)[93]	1	5.524	175.638
		Q1(2排)[99]	1		17.76
		合计		152.984	4248.524

汇总信息	汇总信息钢筋总重(kg)	构件名称	构件数量	HPB300	HRB400
连梁	604.699	LL4［2048］	2	54.382	100.24
		LL3［2057］	1	15.319	62.322
		LL2［2062］	1	23.234	73.646
		LL2［2060］	1	23.234	77.222
		LL1［2053］	2	65.259	109.84
		合计		181.428	423.271

同学间可通过钢筋对量软件对比钢筋量,并查找差异原因。

知识拓展

(1)暗柱与端柱的箍筋和拉筋的形式,如果有和参数图中显示的箍筋信息不同的,除直接输入外,还可以在"属性编辑"的"其他箍筋"中输入,如图 3.49 所示。

8	其它箍筋		

图 3.49　定义其他钢筋

点开"其他箍筋"的三点按钮,在图 3.50 所示的界面输入其他钢筋信息。单击"新建"按钮,新建一行钢筋,选择图号,输入钢筋信息,输入参数图中的参数。单击"确定"按钮退出,输入其他箍筋完毕。这里不仅可以输入箍筋,也可以输入其他各种形式的钢筋。

图 3.50　其他钢筋

（2）绘制参数化柱时，使用"点"绘制的方法，可以采用"F3"键来调整柱端头的左右方向，使用"Shift+F3"还可以调整柱端头的上下方向。

（3）使用软件绘制构件图元，一般是按照先定义构件、再绘制图元的方式，也可以采用先绘制图元然后修改图元的属性名称来反建构件的方式（如暗柱）。用户可以根据实际情况，选择合适的方法。

（4）软件中各类构件的属性中，除了重点介绍的属性（如名称、截面尺寸和钢筋信息）之外，还有"其他属性"和"锚固搭接设置"的属性，在本工程的绘制介绍中使用不到的，不作详细解释，具体的说明和操作请参考《文字帮助》中对各种构件的属性定义的介绍。

（5）剪力墙部分的构件，包括门窗洞、连梁、暗梁和暗柱/端柱，其绘制顺序并不是一定的，可以根据实际情况进行调整，构件的绘制顺序不影响计算结果。所有相关联的图元绘制完成之后，软件会自动扣减，进行计算。本工程采用的顺序是根据实际情况和讲解的需要安排的，绘图顺序仅供参考。

3.4 梁构件的定义和绘制

一、任务说明

完成首层梁的定义和绘制（包括梯梁）。

二、任务分析

①参照 16G101-1 第 84—97 页，分别分析框架梁、普通梁、屋框梁、悬臂梁纵筋及箍筋的配筋构造。

②按图集构造分别列出各种梁中各种钢筋的计算公式。

说明

在软件中，框架梁和楼层板一般绘制在层顶，这也是因为梁以下面的柱为支座，板以下面的梁为支座，绘制在层顶，更体现构件的受力关系，便于计算锚固。基于这个原则，我们定义楼层时，每个楼层是从层底的板顶面到本层上面的板顶面的。现在，按照这个原则和定义的层高范围，我们把位于首层层顶的框架梁（即 3.800 的框架梁）绘制在首层。

三、任务实施

1）梁的定义

分析结施-5 可知，图中的梁按类别分，有楼层框架梁和非框架梁，以及Ⓐ、Ⓑ轴间的屋面框架梁，有一端悬挑和两端悬挑的梁，还有变截面的梁。

下面先介绍梁的定义，然后再逐个介绍不同种类的梁的绘制和原位标注钢筋信息输入。

（1）楼层框架梁的定义

下面我们以 KL1 为例，来讲解楼层框架梁的定义和绘制。

在软件界面左侧的树状构件列表中选择"梁"构件组下面的"梁"构件,进入梁的定义界面,新建矩形梁 KL1。根据 KL1(9)图纸中的集中标注,在如图 3.51 所示的属性编辑器中输入各属性的值。

名称:按照图纸输入"KL1(9)"。

类别:梁的类别下拉框选项中有 7 类,按照实际情况,此处选择"楼层框架梁"(见图 3.52)。

	属性名称	属性值	附加
1	名称	KL1(9)	☐
2	类别	楼层框架梁	☐
3	截面宽度(mm)	250	☐
4	截面高度(mm)	500	☐
5	轴线距梁左边线距离(mm)	(125)	☐
6	跨数量	9	☐
7	箍筋	Φ8@100/200	☐
8	肢数	2	☐
9	上部通长筋	2Φ22	☐
10	下部通长筋		☐
11	侧面构造或受扭筋(总配筋值)		☐
12	拉筋		☐
13	其它箍筋		☐
14	备注		☐
15 ⊞	其它属性		
23 ⊞	锚固搭接		
38 ⊞	显示样式		

图 3.51　框架梁属性编辑界面

	属性名称	属性值	附加
1	名称	KL1(9)	☐
2	类别	楼层框架梁 ▼	☐
3	截面宽度(mm)	楼层框架梁 楼层框架扁梁 屋面框架梁	☐
4	截面高度(mm)	非框架梁 框支梁	☐
5	轴线距梁左边线距离(mm)	井字梁 基础联系梁	☐
6	跨数量		☐
7	箍筋		☐

图 3.52　定义框架梁

截面尺寸:KL1 的截面尺寸为 250 mm×500 mm,截面宽度和高度分别输入"250"和"500"。

轴线距梁左边线的距离:按照软件默认,保留"(125)",用来设置梁的中心线相对于轴线的偏移。软件默认梁中心线与轴线重合,即 250 的梁,轴线距左边线的距离为 125。此处 KL1 中心线与轴线重合,不用修改。

跨数量:名称输入"KL1(9)"后,自动取"9"跨。

箍筋:输入"A8@100/200(2)"。

箍筋肢数:自动取箍筋信息中的肢数,箍筋信息中不输入"(2)"时,可以手动在此处输入"2"。

上部通长筋:按照图纸输入"2C22"。

下部通长筋:输入方式与上部通长筋一致,KL1 没有下部通长筋,此处不输入。

侧面纵筋:格式为"G 或 N+数量+级别+直径",KL1 没有侧面纵筋,此处不输入。

拉筋:按照计算设置中设定的拉筋信息自动生成,没有侧面钢筋时,软件不计算拉筋。软件默认的是规范规定的拉筋信息,见框架梁的计算设置第 35 项。

(2)屋面框架梁和非框架梁的定义

对于屋面框架梁和非框架梁,在定义时,需要在属性的"类别"中选择相应的类别,其他的属性与框架梁的输入方式一致。

结施-8 上名称为 WKLn 的梁是屋面框架梁,应选择相应的类别,并按上面介绍的楼层框架梁的定义进行属性值的输入。

下面以 L8(2)为例,来介绍非框架梁的定义及梁的标高调整。L8(2)集中标注中显示标高相对本层楼层标高为-0.05,这是需要在定义梁时在属性中进行修改的,如图 3.53 所示。

	属性名称	属性值	附加
1	名称	L8(2)	
2	类别	非框架梁	☐
3	截面宽度(mm)	200	☐
4	截面高度(mm)	400	☐
5	轴线距梁左边线距离(mm)	(100)	☐
6	跨数量	2	☐
7	箍筋	Φ8@100/200	☐
8	肢数	2	
9	上部通长筋	2Φ20	☐
10	下部通长筋		☐
11	侧面构造或受扭筋(总配筋值)		☐
12	拉筋		☐
13	其它箍筋		
14	备注		☐
15	⊟ 其它属性		
16	— 汇总信息	梁	☐
17	— 保护层厚度(mm)	(25)	☐
18	— 计算设置	按默认计算设置计算	
19	— 节点设置	按默认节点设置计算	
20	— 搭接设置	按默认搭接设置计算	
21	— 起点顶标高(m)	层顶标高-0.05	☐
22	— 终点顶标高(m)	层顶标高-0.05	☐
23	⊞ 锚固搭接		
38	⊞ 显示样式		

图 3.53　修改框架梁属性

下面以一号楼梯 TL-1 为例,介绍楼梯梁的定义。一号楼梯 TL-1 的图示见图 3.54,另可详见图纸结施-15,在如图 3.55 所示的"属性编辑"界面中输入相关的信息。

按照同样的方法,根据不同的类别,定义本层所有的梁,输入属性信息。

图 3.54　一号楼梯 TL-1 图示

2)梁的绘制

梁在绘制时,要先主梁后次梁。在识别梁时,主梁为次梁的支座,当次梁互为支座时,要设置其中一道梁箍筋贯通。通常,画梁时按先上后下、先左后右方向来绘制,以保证所有的梁都能够全部计算。

(1)直线绘制

梁为线状图元,直线型的梁采用"直线"绘制的方法比较简单,如 KL1,KL2 采用"直线"绘制即可。

(2)梁柱对齐

对于⑥轴上①、②轴之间的 KL3,其中心线不在轴线上,但由于 KL3 与两端的框架柱一侧平齐,因此除了采用之前讲的"Shift+左键"的方法偏移绘制之外,还可以使用"对齐"功能。

①在轴线上绘制 KL3(1),绘制完成后,选择"修改"菜单或者"修改工具条"上的"对齐"→"单图元对齐"命令,将 KL3 的上侧边线与柱的上侧边线对齐。

②选择完"单图元对齐"命令后,根据提示,先选择柱上侧的边线,再选择梁上侧的边线,对齐成功后如图 3.56 所示。

	属性名称	属性值	附加
1	名称	TL1	
2	类别	楼层框架梁	☐
3	截面宽度(mm)	200	☐
4	截面高度(mm)	400	☐
5	轴线距梁左边线距离(mm)	(100)	☐
6	跨数量		☐
7	箍筋	Φ8@200(2)	☐
8	肢数	2	
9	上部通长筋	2Φ18	☐
10	下部通长筋	3Φ20	☐
11	侧面构造或受扭筋(总配筋值)		☐
12	拉筋		☐
13	其它箍筋		
14	备注		☐
15	⊟ 其它属性		
16	── 汇总信息	梁	☐
17	── 保护层厚度(mm)	(25)	☐
18	── 计算设置	按默认计算设置计算	
19	── 节点设置	按默认节点设置计算	
20	── 搭接设置	按默认搭接设置计算	
21	── 起点顶标高(m)	层底标高+1.95	☐
22	── 终点顶标高(m)	层底标高+1.95	☐
23	⊞ 锚固搭接		
38	⊞ 显示样式		

图 3.55　定义一号楼梯 TL-1

图 3.56　偏移梁

（3）偏移绘制

对于悬挑梁，如果端点不在轴线的交点或其他捕捉点上，可以采用偏移绘制的方法，也就是采用"Shift+左键"的方法捕捉轴线以外的点来绘制。

绘制②轴的 KL5，两个端点分别为：Ⓑ轴、②轴交点向下偏移 X=0，Y=−900−125；Ⓔ轴和②轴交点向上偏移 X=0，Y=600+125。

将鼠标放在Ⓑ轴和②轴的交点，同时按下"Shift"键和鼠标左键，在弹出的"输入偏移值"对话框中输入相应的数值，单击确定，这样就选定了第1个端点。采用同样的方法，确定第2个端点来绘制 KL5。

（4）捕捉绘制

对于非框架梁，④、⑤轴之间竖向的 L1，其两个端点位于两端的框架梁上，并与之垂直，可以采用捕捉"垂点"的方法来绘制 L1。

①在捕捉工具栏中选择"垂点"，如图 3.57 所示。

②选择 L1 下方圆柱位置的端点，将鼠标移到上方端点处的框架梁上，显示垂点的捕捉。

图 3.57　捕捉工具栏

选择垂点,绘制完毕,如图 3.58 所示。

③对于⑤~⑥轴之间竖向的 L2(1),由于其两个端点位于两端框架梁的中点,可以采用捕捉"中点"的方式来确定直线的端点,从而进行绘制。

选择"捕捉工具栏"中的"中点",将鼠标移到Ⓐ轴 WKL1 的中点位置,显示中点捕捉的标示▲。单击鼠标左键选择该点,从而确定了直线梁的起点;将鼠标移至Ⓑ轴 KL4 的中点,单击中点,确定 L2 的另一个端点,则绘制完成。

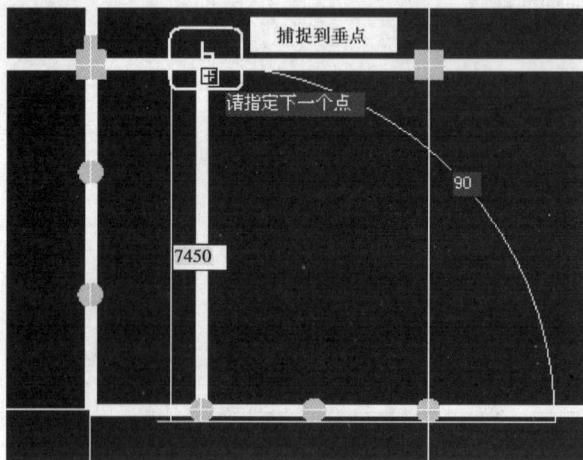

图 3.58　捕捉垂点

图 3.59　分层绘制图示

(5)分层绘制

绘制楼梯梁时,可运用软件中的分层绘制功能(见图 3.59)。

3)梁的原位标注

梁绘制完毕后,只是对梁集中标注的信息进行了输入,还需要进行原位标注的输入。并且由于梁是以柱和墙为支座的,提取梁跨和原位标注之前,需要绘制好所有的支座。图中梁显示为粉色时,表示还没有进行梁跨的提取和原位标注的输入,也不能正确地对梁钢筋进行计算。

在 GGJ2013 中,可以通过 3 种方式来提取梁跨:一是使用"原位标注";二是使用"跨设置"中的"重新提取梁跨";三是可以使用"批量识别梁支座"的功能,如图 3.60 所示。

图 3.60

①对于没有原位标注的梁,可以通过提取梁跨来把梁的颜色变为绿色。

②有原位标注的梁,可以通过输入原位标注来把梁的颜色变为绿色。

软件中用粉色和绿色对梁进行区别,目的是提醒用户哪些梁已经进行了原位标注的输入,便于用户检查,防止出现忘记输入原位标注、影响计算结果的情况。

梁的原位标注主要有支座钢筋、跨中筋、下部钢筋、架立筋和次梁加筋,另外,变截面也需要在原位标注中输入。下面以Ⓑ轴的 KL4 为例,介绍梁的原位标注输入。

在"绘图工具栏"中选择"原位标注",选择要输入原位标注的 KL4,绘图区显示原位标注的输入框,下方显示平法表格。

①首先是上部和下部钢筋信息的输入,有两种方式。

a.在绘图区域显示的原位标注输入框中进行输入,比较直观,如图 3.61 所示。

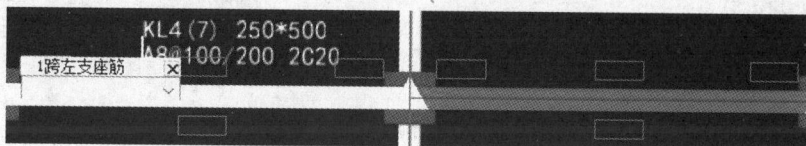

图 3.61　梁平法绘图输入

b.也可以在"梁平法表格"中输入,如图 3.62 所示。

跨号		标高(m)		构件尺寸(mm)							上通长筋
		起点标高	终点标高	A1	A2	A3	A4	跨长	截面(B*H)	距左边线距离	
1	1	3.8	3.8	(300)	(300)	(300)		(4800)	(250*500)	(125)	2φ20
2	2	3.8	3.8		(300)	(300)		(4800)	(250*500)	(125)	
3	3	3.8	3.8		(300)	(300)		(7200)	(250*500)	(125)	
4	4	3.8	3.8		(300)	(300)		(7200)	(250*500)	(125)	
5	5	3.8	3.8		(300)	(300)		(7200)	(250*500)	(125)	
6	6	3.8	3.8		(300)	(300)		(4800)	(250*500)	(125)	
7	7	3.8	3.8		(300)	(300)	(300)	(4800)	(250*500)	(125)	

图 3.62　梁平法表格输入

绘图区输入:按照图纸标注中 KL4 的原位标注信息输入;"1 跨左支座筋"输入"3C20",按"Enter"键确定;跳到"1 跨跨中筋",此处没有原位标注信息,不用输入,可以直接再次按"Enter"键跳到下一个输入框,或者用鼠标选择下一个需要输入的位置。例如,选择"1 跨右支座筋"输入框,输入"3C20",按"Enter"键,跳到"下部钢筋"。

🛈 注意

①输入后按"Enter"键跳转的方式,软件默认的跳转顺序是:左支座筋、跨中筋、右支座筋、下部钢筋,然后下一跨的左支座筋、跨中筋、右支座筋、下部钢筋。

②如果用户想要自己确定输入的顺序,可用鼠标选择需要输入的位置,每次输入之后,需要按"Enter"键或单击其他方框确定。

原位标注输入后,平法表格显示如图 3.63 所示。

②KL4 第 3,4,5 跨存在侧面构造钢筋,应在原位标注输入的表格中输入。在"侧面钢筋"的"侧面原位标注筋"钢筋中输入"G2C14",软件自动生成拉筋,按照规范为"A6"。

③KL4 第 3,4,5 跨存在次梁和吊筋,如图 3.64 所示。对于次梁宽度,软件会自动识别;对于次梁加筋,按照结构设计总说明中第十条第 5 款第 3 条,次梁每侧设 3 组箍筋,在工程设置的"计算设置"中相应的项输入"6",软件就会自动去计算设置中的数值;在吊筋位置输入各次梁处的吊筋信息;吊筋锚固取计算设置中设定的数值,软件默认为 $20 \times d$。

④KL4 第 3,4,5 跨存在变截面,应在表格中相应的位置输入变截面跨的截面尺寸。

尺寸(mm)			上通长筋	上部钢筋			下部钢筋	
跨长	截面(B*H)	距左边线距离		左支座钢筋	跨中钢筋	右支座钢筋	下通长筋	下部钢筋
(4800)	(250*500)	(125)	2Φ20	3Φ20		3Φ20		2Φ20
(4800)	(250*500)	(125)				2Φ20/2Φ22		2Φ20
(7200)	250*650	(125)				4Φ20 2/2		2Φ22
(7200)	250*650	(125)				4Φ20 2/2		3Φ22
(7200)	250*650	(125)				2Φ20/2Φ22		2Φ22
(4800)	(250*500)	(125)				3Φ20		2Φ20
(4800)	(250*500)	(125)				3Φ20		2Φ20

图3.63 首层 KL4 平法表格

侧面钢筋			箍筋	肢数	次梁宽度	次梁加筋	吊筋	吊筋锚固	箍筋加密长度
侧面通长筋	侧面原位标注筋	拉筋							
			Φ8@100/20	2					max(1.5*h,50
			Φ8@100/20	2					max(1.5*h,50
G2Φ14		(Φ6)	Φ8@100/20	2	250/250	6/6	2Φ20/2Φ20	20*d	max(1.5*h,50
G2Φ14		(Φ6)	Φ8@100/20	2	250	6	2Φ20	20*d	max(1.5*h,50
G2Φ14		(Φ6)	Φ8@100/20	2	250/250	6/6	2Φ20/2Φ20	20*d	max(1.5*h,50
			Φ8@100/20	2					max(1.5*h,50
			Φ8@100/20	2					max(1.5*h,50

图3.64 首层 KL4 侧面钢筋

说明

上面介绍时,采用的是按照不同的原位标注类别逐个讲解的顺序。在实际工程的绘制中,可以针对第一跨进行各类原位标注信息的输入,然后再输入下一跨;也可以按照不同的信息类型,先输入上下部钢筋信息,再输入侧面钢筋信息等。在表格中就表现为可以按行逐个输入,也可以按列逐个输入。

另外,梁的原位标注表格中还有每一跨的箍筋信息的输入,默认取构件属性中的信息。如果某些跨存在不同的箍筋信息,就可以在原位标注中对应的跨中输入;存在有加腋钢筋时,也在原位标注表格中输入。

采用同样的方法,可对其他位置的梁进行原位标注的输入。

4)配置梁侧面钢筋

如果当图纸中原位标注中标注了侧面钢筋的信息,或是结构设计总说明中标明了整个工程的侧面钢筋配筋,那么,除了在原位标注中进行输入外,还可以使用"生成侧面钢筋"的功能来批量配置梁侧面钢筋。

①在"绘图工具栏"中选择"生成侧面钢筋",在弹出的生成侧面钢筋对话框中,根据梁高或是梁腹板高定义好侧面钢筋,如图3.65所示。

②定义好之后,单击"确定"按钮。以 KL4 为例,选择 KL4,单击右键确定,则会弹出"成功生成侧面钢筋"的提示。

注意

如果要对图中多道梁同时配置侧面钢筋,则在对话框中定义好侧面钢筋信息后,选择多道梁即可,软件会自动根据梁尺寸来配筋侧面钢筋。当结构设计总说明给出了整个工程的侧

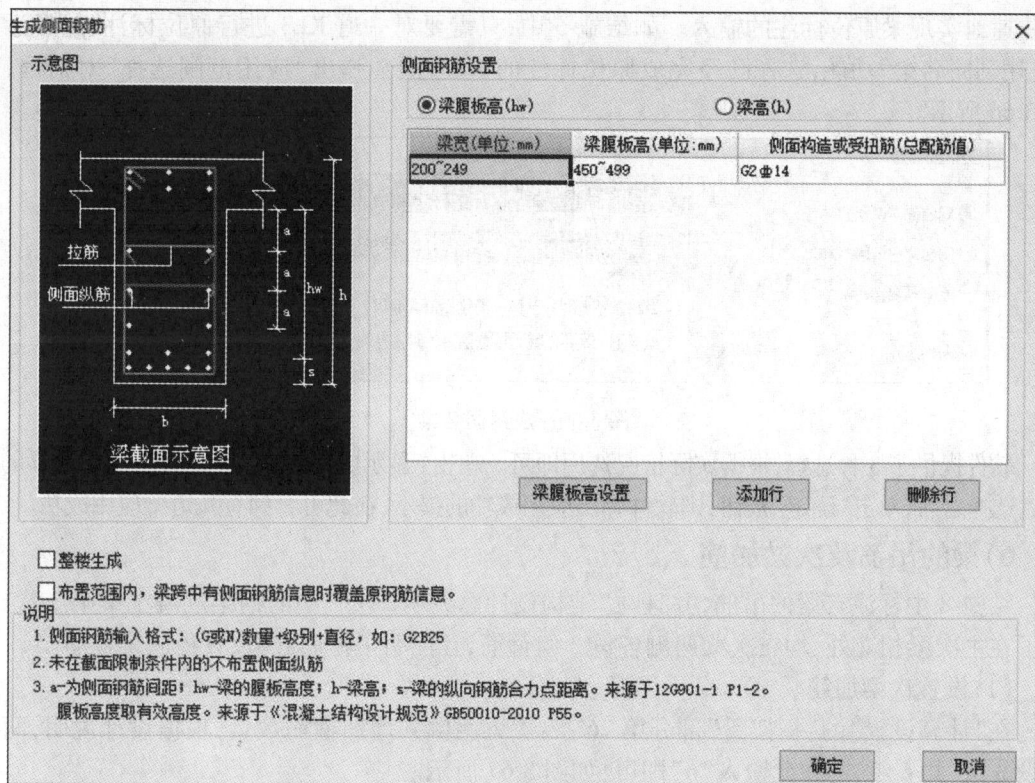

图 3.65 自动配侧面钢筋

面钢筋配筋时,可利用此功能一次性生成全楼的侧面钢筋。

5)梁标注的快速复制功能

分析结施-8,可以发现图中存在很多同名的梁(如 KL3,WKL2,L1 等),都在多个地方存在。这时,不需要对每道梁都进行原位标注,直接使用软件提供的几个复制功能,即可快速对梁进行原位标注。

(1)梁原位标注复制

把某位置的原位标注钢筋信息复制到其他位置时,输入格式相同的位置之间可以进行复制。例如 KL3 中,④轴处的原位标注与⑦轴处一致,这时可直接将④轴处的原位标注复制到⑦轴。

操作方法:运行"梁原位标注复制"功能,选择一个原位标注,单击右键确定,然后选择需要复制上原位标注的目标框,再单击右键确定即可完成。

(2)梁跨数据复制

把某一跨的原位标注复制到另外的跨,可以跨图元进行操作,复制内容主要是钢筋信息。例如 KL3,其②~③轴跨的原位标注与③~④、⑦~⑧、⑧~⑨轴完全一致,这时可使用梁跨数据复制功能,将②~③轴跨的原位标注复制到相同标注的其他跨中。

操作方法:运行"梁跨数据复制"功能,选择一段已经进行原位标注的梁跨,单击右键确定,然后单击需要复制上标注的目标跨,再单击右键确定即可完成。

(3)应用到同名梁

如果本层存在同名称的梁,且原位标注信息完全一致,就可以采用"应用到同名梁"功能来快速地实现梁原位标注的输入。如结施-5中,只需要对一道KL3进行原位标注,然后运行"应用到同名梁"功能,选择已经完成原位标注的KL3,则会弹出"应用范围选择"对话框,如图3.66所示。

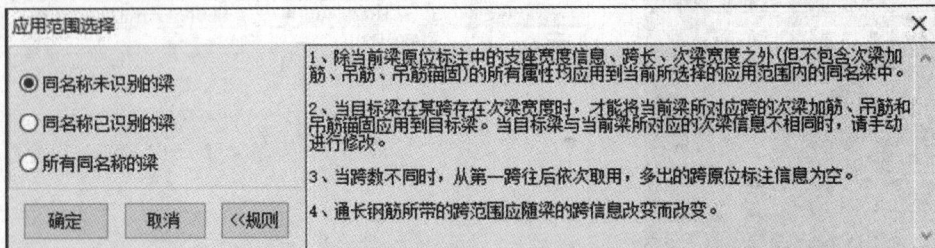

图 3.66　应用同名梁

软件提供了3种选择,根据实际情况选用即可。单击"显示应用规则"可查看应用同名梁的规则。选择之后,单击"确定"按钮,则软件弹出应用成功的提示,在此可看到有几道梁应用成功。

6)梁的吊筋及次梁加筋

结施-8中标注有梁的吊筋,并且在"结构设计总说明(一)"中的钢架混凝土梁第3款,说明了在主次梁相交处,均在次梁两侧各设3组箍筋,且注明了箍筋肢数、直径同梁箍筋。

(1)设置次梁加筋

在"计算设置"的"框架梁"部分第26条:次梁两侧共增加箍筋数量,根据设计说明,两侧各设3组,共6组,则在此输入"6"即可,如图3.67所示。

25	□ 箍筋/拉筋	
26	── 次梁两侧共增加箍筋数量	6

图 3.67　设置次梁两侧共增加箍筋数量

(2)自动生成吊筋

在绘图工具栏单击"自动生成吊筋",弹出对话框。在对话框中,根据图纸输入吊筋的钢筋信息,如图3.68所示。设置完成后单击"确定"按钮,然后在图中选择要生成吊筋的梁,单击右键确定,即可完成吊筋的生成。

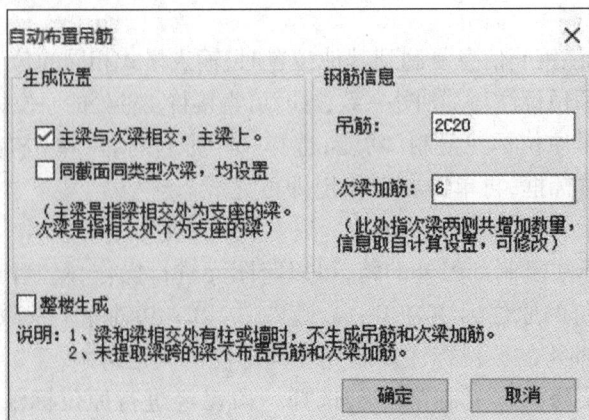

图 3.68　自动生成吊筋

注意

必须进行提取梁跨后,才能使用此功能自动生成;运用此功能同样可以整楼生成。

7)查看计算结果

前面的部分没有涉及构件图元钢筋计算结果的查看,主要是因为竖向的构件在上下层没有绘制时,无法正确计算搭接和锚固。对于梁这类水平构件,本层相关图元绘制完毕,就可以正确地计算钢筋量,并可以查看计算结果。

首先,选择"钢筋量"菜单下的"汇总计算",或者在工具条中选择"汇总计算"命令,选择要计算的层进行钢筋量的计算,然后就可以选择已经计算过的构件进行计算结果的查看。

①通过"编辑钢筋"查看每根钢筋的详细信息:选择"钢筋量"菜单下的"编辑钢筋",或者在工具条中选择"编辑钢筋"命令,选择要查看的图元。下面还是以 KL4 为例进行说明。

钢筋显示顺序为按跨逐个显示。如图 3.69 所示的第一跨的计算结果中,"筋号"说明是哪根钢筋;"图号"是软件对每一种钢筋形状的编号;"计算公式"和"公式描述"是对每根钢筋的计算过程进行的描述,方便用户查量和对量;"搭接"是指单根钢筋超过定尺长度之后所需要的搭接长度和接头个数。

	筋号	直径(mm)	级别	图号	图形	计算公式	公式描述	长度(mm)	根数	搭接	损耗(%)	单重(kg)	总重(kg)
1*	1跨上通长筋1	20	Φ	64	300 41350 300	600-25+15*d+40200+600-25+15*d	支座宽-保护层+弯折+净长+支座宽-保护层+弯折	41950	2	4	0	103.617	207.233
2	1跨左支座筋1	20	Φ	18	300 1975	600-25+15*d+4200/3	支座宽-保护层+弯折+搭接	2275	1	0	0	5.619	5.619
3	1跨右支座筋1	20	Φ	1	3400	4200/3+600+4200/3	搭接+支座宽+搭接	3400	1	0	0	8.398	8.398
4	1跨下部钢筋1	20	Φ	18	300 5575	600-25+15*d+4200+40*d	支座宽-保护层+弯折+净长+直锚	5875	2	0	0	14.511	29.023
5	2跨右支座筋1	22	Φ	1	3900	6600/4+600+6600/4	搭接+支座宽+搭接	3900	2	0	0	11.622	23.244
6	2跨下部钢筋1	20	Φ	1	5800	40*d+4200+40*d	直锚+净长+直锚	5800	2	0	0	14.326	28.652

图 3.69 首层 KL4 部分钢筋明细

"编辑钢筋"的列表还可以进行编辑,用户可以根据需要对钢筋的信息进行修改,然后锁定该构件。

②通过"查看钢筋量"来查看计算结果:选择"钢筋量"菜单下的"查看钢筋量",或者在工具条中选择"查看钢筋量"命令,拉框选择或者点选需要查看的图元。软件可以一次性显示多个图元的计算结果,如图 3.70 所示。

			HPB300			HRB400				
	构件名称	钢筋总重量(Kg)	6	8	合计	14	20	22	25	合计
1	KL4(7)[927]	934.102	5.237	184.935	190.172	50.965	459.469	221.176	12.32	743.93
2	合计	934.102	5.237	184.935	190.172	50.965	459.469	221.176	12.32	743.93

钢筋总重量(Kg):934.102

图 3.70 首层 KL4 钢筋总重

图中显示构件的钢筋量,可按不同的钢筋类别和级别列出,并可对选择的多个图元的钢筋量进行合计。

四、任务结果

首层所有梁的钢筋工程量统计表如表 3.3 所示(见报表中《楼层构件统计校对表》)。

表 3.3　首层梁钢筋总重

汇总信息	汇总信息 钢筋总重(kg)	构件名称	构件数量	HPB300	HRB400
楼层名称:首层(绘图输入)				2064.287	8307.512
梁	10371.799	KL4(7)[927]	1	190.172	743.93
		KL3(1)[928]	1	20.599	64.192
		KL3(1)[929]	2	34.136	128.383
		WKL2(2A)[930]	1	43.231	97.371
		L1(1)[933]	4	98.876	394.582
		WKL3(1)[935]	2	48.261	238.352
		L2(1)[936]	1	25.308	167.903
		WKL2(2A)[940]	1	43.231	97.421
		KL2(9)[942]	1	203.509	760.566
		L13(1)[943]	1	18.834	96.032
		KL5(3B)[944]	2	124.773	556.485
		KL6(3B)[945]	1	65.918	254.519
		L3(2)[946]	1	36.49	80.48
		WKL1(5B)[949]	1	114.909	430.878
		KL1(9)[951]	1	222.886	1115.515
		KL9(1)[953]	1	20.599	116.591
		L11(1)[954]	1	30.04	138.581
		L10(1)[955]	1	11.21	40.082
		KL6(3B)[956]	1	62.386	254.519
		L3(2)[958]	1	36.49	80.472
		KL8(7)[961]	1	186.514	830.773
		XL1[962]	1	5.297	27.684
		XL1[963]	1	2.943	21.522
		KL7(2A)[964]	2	98.089	391.915
		L12(7)[966]	1	148.315	373.52
		L7(1)[967]	1	29.372	110.735
		L9(1)[968]	1	29.372	130.876
		L8(2)[970]	1	22.562	96.246
		L5(1A)[971]	1	34.713	173.561
		L6(1)[972]	1	10.701	21.69
		L4(1)[973]	1	4.23	12.828

续表

汇总信息	汇总信息 钢筋总重(kg)	构件名称	构件数量	HPB300	HRB400
梁	10371.799	L4(1)［974］	1	3.76	12.028
		TL1［2913］	1	6.581	44.83
		TL1［2915］	1	3.29	24.862
		TL2［2917］	1	4.128	27.788
		TL1［2919］	1	7.051	42.548
		TL1［3006］	1	2.35	22.01
		TL1［3008］	1	6.111	43.689
		TL1［3012］	1	7.051	41.558
		合计		2064.287	8307.512

同学间可通过钢筋对量软件对比钢筋量,并查找差异原因。

知识拓展

(1)梁模型的建立,一般采用定义→绘制→输入原位标注(提取梁跨)的顺序进行。梁的标注信息包括集中标注和原位标注。定义构件时,在属性中输入梁的集中标注信息,绘制完毕后,通过原位标注信息的输入来确定梁的信息。

(2)一般来说,一道梁绘制完毕后,如果其支座和次梁都已经确定,就可以直接进行原位标注的输入;如果有以其他梁为支座,或者存在次梁的情况,则需要先绘制相关的梁,再进行原位标注的输入。

(3)梁的原位标注和平法表格的区别(见图3.71):选择"原位标注"时,可以在绘图区梁图元的位置输入原位标注的钢筋信息,也可在下方显示的表格中输入原位标注信息;选择"梁平法表格"时,只显示下方的表格,不显示绘图区的输入框。

图 3.71　原位标注

(4)梁的绘制顺序,可以采用先横向再纵向、先框架梁再次梁的绘制顺序,以免出现遗漏。

(5)捕捉点的设置:绘图时,无论是利用点画、直线画还是其他的绘制方式,都需要捕捉绘图区的点,以确定点的位置和线的端点。软件提供了多种类型点的捕捉,用户可以在"工具"菜单的"自动捕捉设置"中设定要捕捉的点,绘图时可以在"捕捉工具栏"中直接选择要捕捉的点类型,方便绘制图元时选取点,如图3.72所示。

(6)设置悬挑梁的弯起钢筋:当工程中存在悬挑梁并且需要计算弯起钢筋时,在软件中可快速地进行设置及计算。

首先,进入"计算设置"→"节点设置"→"框架梁",在第29项设置悬挑梁钢筋图号,如图3.73所示。软件默认是2号图号,可以单击按钮选择其他图号(软件提供了6种图号供选择)。

节点示意图中的数值可修改,对图3.74中2#弯起钢筋的修改如图3.75所示。

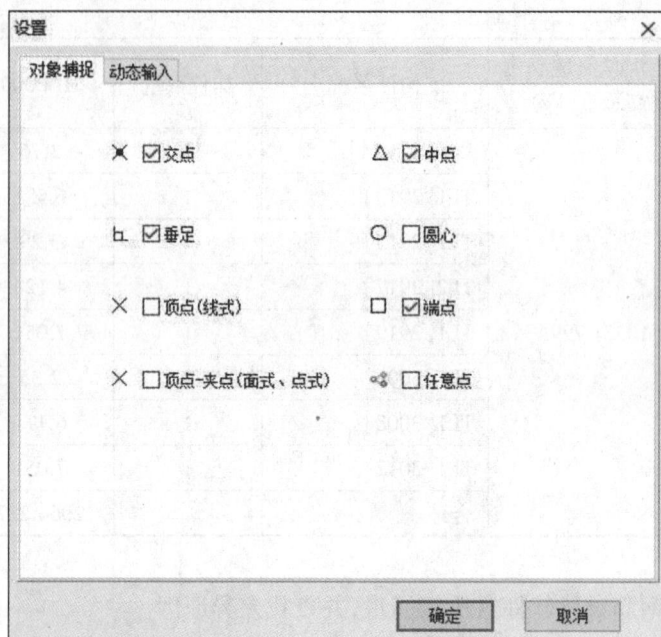

图 3.72　自动捕捉

图 3.73　悬挑钢筋图号选择

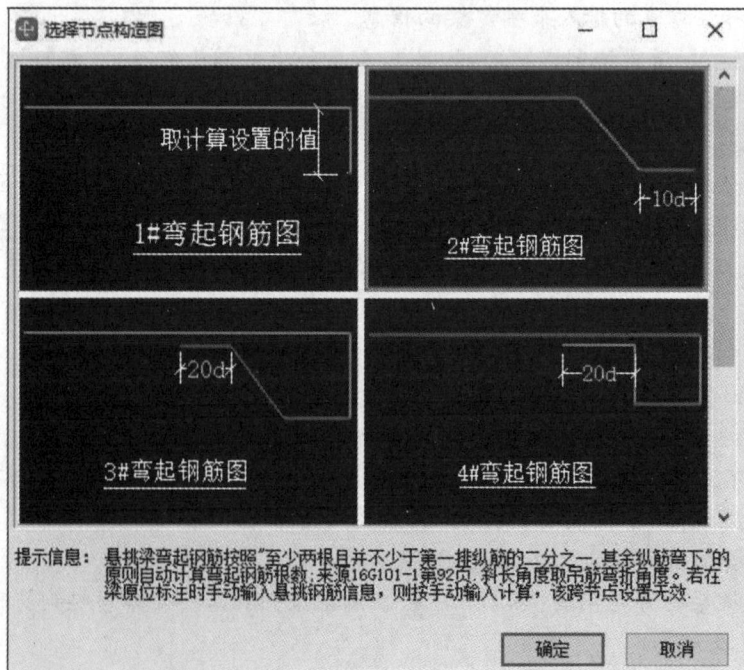

图 3.74　悬挑钢筋节点构造图

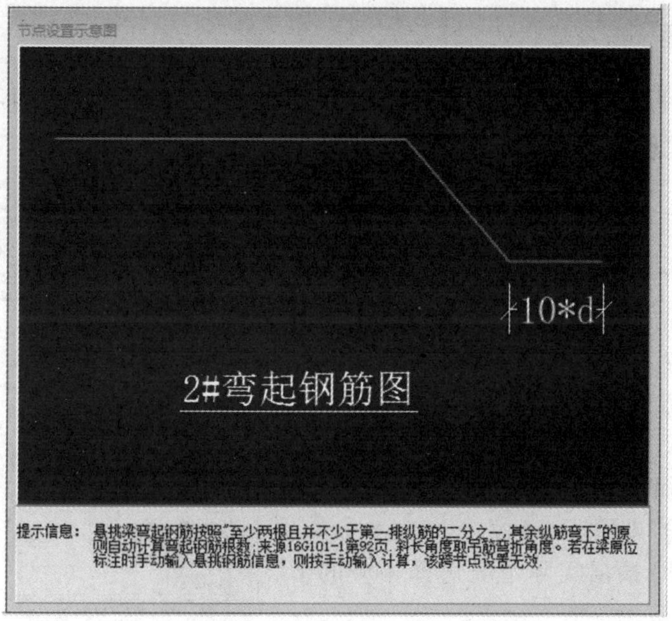

图 3.75　2#悬挑钢筋示意图

3.5　板构件的定义和绘制

一、任务说明

完成首层现浇板、板受力筋及分布筋的定义和绘制。

二、任务分析

（1）图纸分析

根据结施-9 和"3.800 板平法施工图"来定义和绘制板和板的钢筋。

进行板的图纸分析，注意以下几个要点：

①本页图纸说明、厚度说明、配筋说明。

②板的标高。

③板的分类，相同的板的位置。

④板的特殊形状。

⑤板负筋的类型，跨板负筋。

（2）板配筋构造分析

按结构设计说明，本工程板的配筋依据 16G101-1 第 99—103 页的要求，分析板的受力钢筋、分布筋、负筋、跨板负筋的长度与根数的计算公式。

在钢筋软件里，完整的板构件由现浇板、板筋（包含受力筋及负筋）组成，因此板构件的建模和钢筋计算包括以下两个部分：板的定义和绘制，钢筋的布置（包括受力筋和负筋）。

三、任务实施

下面以Ⓐ~Ⓑ轴之间的 WB1 为例,介绍板构件的定义。分析图纸可知,WB1 厚度为 100。

1)现浇板的定义

①进入"板"→"现浇板",定义一块板,如图 3.76 所示。

顶标高:即板的顶标高,根据实际情况输入,WB1 此处按默认输入"层顶标高"。例如⑥~⑦轴之间的 LB6 标高显示为(-0.05),表示比 3.8 m 低 0.05,输入标高时可以输入为"3.75"或者"层顶标高-0.05"。

板厚度:根据图纸中标注的厚度输入,图中 h= 100,在此输入"100"即可。

马凳筋参数图:根据实际情况选择相应的形式,输入参数。

	属性名称	属性值	附加
1	名称	WB1	
2	混凝土强度等级	(C30)	☐
3	厚度(mm)	120	☐
4	顶标高(m)	层顶标高	☐
5	保护层厚度(mm)	(15)	☐
6	马凳筋参数图	Ⅱ型 ⋯	
7	马凳筋信息	A8@600*600	☐
8	线形马凳筋方向	平行横向受力筋	☐
9	拉筋		☐
10	马凳筋数量计算方式	向上取整+1	☐
11	拉筋数量计算方式	向上取整+1	☐
12	归类名称	(WB1)	☐
13	汇总信息	现浇板	☐
14	备注		☐

图 3.76 板定义界面

马凳筋信息:由马凳筋参数图定义时输入的信息生成。此工程马凳筋按以下设置:板中马凳筋直径为 10,间距为 1200;选择Ⅱ型 $L1 = 1500$,$L2 = $ 板厚-两个保护层-$2×d$,$L3 = 250$。

拉筋:本工程不涉及拉筋,在一些新技术中空板的双层钢筋存在拉筋计算。

②输入完参数信息之后,就完成了板的定义(见图 3.77)。按照同样的方法定义其他名称的板构件。

下面以首层一号楼梯 PTB2 为例,讲解楼梯平台板的定义。由图纸结施-15 可知,PTB2 板厚 100,板顶标高为 1.85,编辑属性时应特别注意标高问题。定义一号楼梯 PTB2 如图 3.78 所示。

	属性名称	属性值	附加
1	名称	WB1 100	
2	混凝土强度等级	(C30)	☐
3	厚度(mm)	100	☐
4	顶标高(m)	层顶标高	☐
5	保护层厚度(mm)	(15)	☐
6	马凳筋参数图	Ⅱ型	
7	马凳筋信息	A10@1200	☐
8	线形马凳筋方向	平行横向受力筋	☐
9	拉筋		☐
10	马凳筋数量计算方式	向上取整+1	☐
11	拉筋数量计算方式	向上取整+1	☐
12	归类名称	(WB1 100)	☐
13	汇总信息	现浇板	☐
14	备注		☐

图 3.77 首层板 WB1 定义完成

	属性名称	属性值	附加
1	名称	PTB2 100	
2	混凝土强度等级	(C30)	☐
3	厚度(mm)	100	
4	顶标高(m)	层底标高+1.95	
5	保护层厚度(mm)	(15)	☐
6	马凳筋参数图	Ⅱ型	
7	马凳筋信息	A10@1200	☐
8	线形马凳筋方向	平行横向受力筋	☐
9	拉筋		☐
10	马凳筋数量计算方式	向上取整+1	☐
11	拉筋数量计算方式	向上取整+1	☐
12	归类名称	(PTB2 100)	☐
13	汇总信息	现浇板	☐
14	备注		☐

图 3.78 定义一号楼梯 PTB2

2）现浇板的绘制

板定义好之后，需要将板绘制到图上，在绘制板之前，需要将板下的支座（如梁、墙）绘制完毕。

（1）点绘制

在本工程中，板下的墙和梁都已经绘制完毕，围成了封闭区域的位置，可以采用"点"画法来布置板图元。

如图 3.79 所示，在"绘图工具栏"中单击"点"按钮，在梁和墙围成的封闭区域单击鼠标左键，就轻松布置上了板图元。

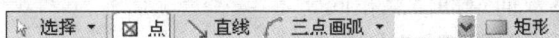

图 3.79　绘制工具栏

（2）矩形绘制

如果图中没有围成封闭区域的位置，可以采用"矩形"画法来绘制板。单击"矩形"按钮，选择板图元的一个顶点，再选择对角的顶点，即可绘制一块矩形的板。

（3）自动生成板

当板下的梁、墙绘制完毕，且图中板类别较少时，可使用自动生成板，软件会自动根据图中梁和墙围成的封闭区域来生成整层的板。自动生成完毕之后需要检查图纸，将与图中板信息不符的修改过来，对图中没有板的地方进行删除。

3）受力筋的定义

以 WB1 的受力筋为例，介绍受力筋的定义。

图 3.80　板受力筋定义界面

进入"板"→"板受力筋"，定义板受力筋，如图 3.80 所示。

名称：结施图中没有定义受力筋的名称，用户可以根据实际情况输入较容易辨认的名称，这里按钢筋信息输入"C10@200"。

钢筋信息：按照图中钢筋信息输入"C10@200"。

类别：在软件中可以选择底筋、面筋、中间层筋和温度筋，在此不用选择，在后面绘制板受力筋时可重新设置钢筋类别。

左弯折和右弯折：按照实际情况输入受力筋的端部弯折长度。软件默认为 0，表示按照计算设置中默认的"板厚-2 倍保护层厚度"来计算弯折长度。

此处会关系到钢筋计算结果，如果图纸中没有特殊说明，不需要修改。

钢筋锚固和搭接：取楼层设置中设定的初始值，可以根据实际图纸情况进行修改。

长度调整：输入正值或负值，对钢筋的长度进行调整，此处不输入。

按照同样的方法定义其他的受力筋。

4）受力筋的绘制

布置板的受力筋，按照布置范围，有"单板""多板"和"自定义"范围布置；按照钢筋方向，有"水平""垂直""XY 方向"布置，以及"平行边布置受力筋"，如图 3.81 所示。

图 3.81　布置板的受力筋

　　以 WB1 的受力筋布置为例,由施工图可以知道,WB1 的底筋和面筋各个方向的钢筋信息一致,这里我们采用"XY 方向"来布置。

　　①选择"单板"→"XY 方向布置",选择一块 WB1,弹出如图 3.82 所示的对话框。

　　②由于 WB1 的双网双向钢筋信息相同,选择"双网双向布置",在"钢筋信息"中选择相应的受力筋名称,单击"确定"按钮,即可布置上单板的受力筋,如图 3.83 所示。

　　双向布置:在不同类别钢筋配筋不同时使用,如果底筋与面筋配筋不同,但是底筋或面筋的 X、Y 方向配筋相同时可使用。

　　X、Y 向布筋:当底筋或面筋的 X、Y 方向配筋都不相同时,可使用此分开设置 X、Y 向的钢筋。

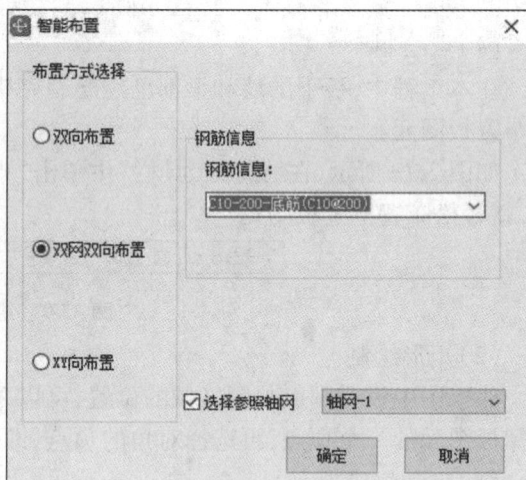

图 3.82　受力筋的智能布置

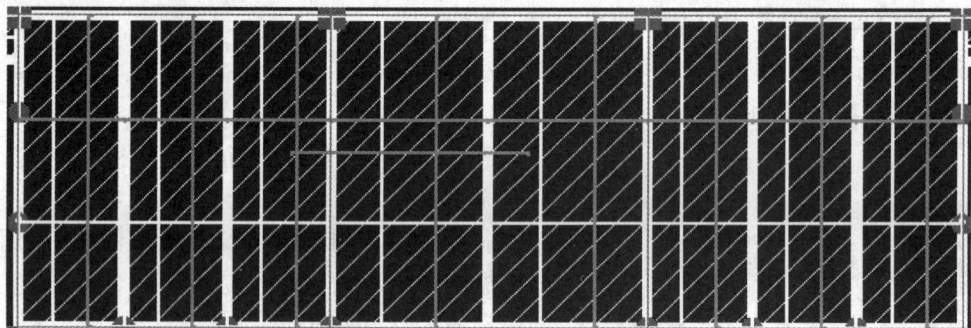

图 3.83　WB1 受力筋布置完成

以一号楼梯 PB2 为例,练习楼梯休息平台板的受力筋布置。

PB2 受力筋布置如图 3.84 所示(详见图纸结施-15),受力筋布置完成后如图 3.85 所示。

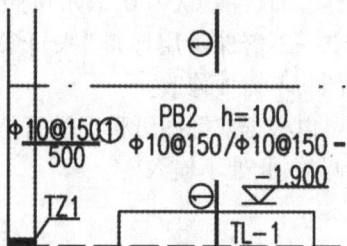

图 3.84　PB2 受力筋图示

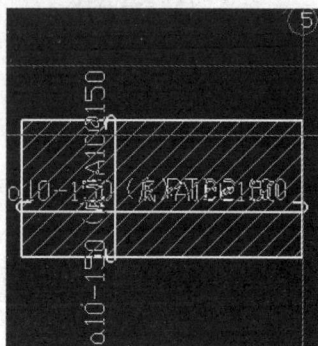

**图 3.85　一号楼梯 PB2
受力筋布置完成**

（1）应用同名称板

由于 WB1 的钢筋信息都相同，下面使用"应用同名称板"来布置其他同名称板的钢筋。

选择"应用同名称板"命令，选择已经布置上钢筋的 WB1 图元，单击鼠标右键确定，则其他同名称的板都布置上了相同的钢筋信息。

对于其他板的钢筋，可以采用相应的布置方式布置。

（2）自动配筋

若图中未标注钢筋信息，而是在图纸中进行了说明（如：结施-12 说明中第三条："未标注悬挑板分布筋均为 A8@200"），在这种情况下，除了采用上面介绍的方法进行布置，还可采用"自动配筋"。

在绘图工具栏，单击"自动配筋"，弹出"自动配筋设置"，在对话框中根据图纸设置钢筋信息。自动配筋可以对所有板设置相同的配筋信息，如图 3.86 所示；也可根据不同的板厚，分别设置钢筋信息，如图 3.87 所示。

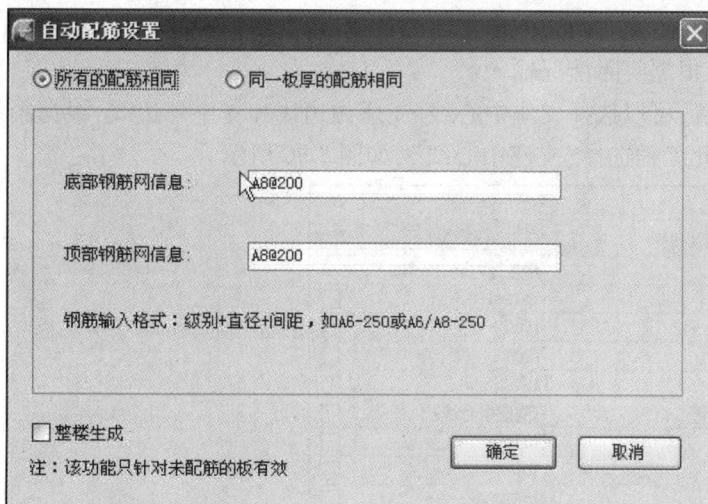

图 3.86　自动配筋设置 1

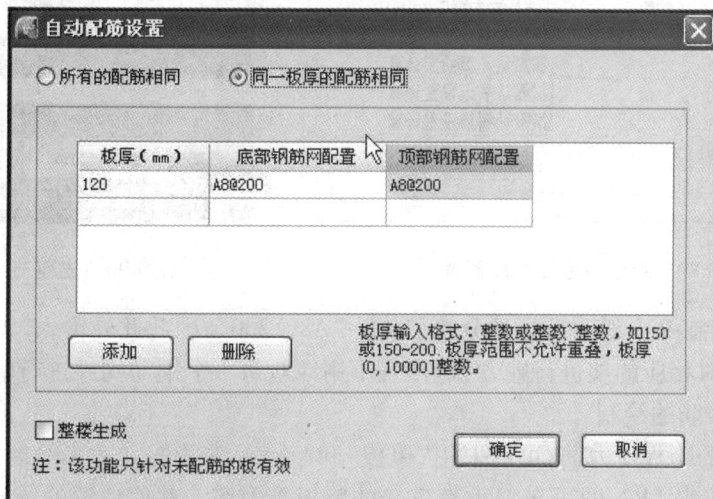

图 3.87　自动配筋设置 2

设置完毕之后,单击"确定"按钮,然后用鼠标框选要布筋的板范围,单击右键确定,则软件进行自动配筋。

注意

该功能只对未配筋的板有效。使用此功能可对全楼进行自动配筋。

5)跨板受力筋的定义与绘制

下面以 LB3 的跨板受力筋为例,介绍跨板受力筋的定义和绘制。

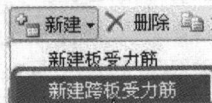

(1)跨板受力筋的定义

在受力筋的定义中,单击"新建"按钮,选择"新建跨板受力筋",如图 3.88 所示,将弹出如图 3.89 所示的新建跨板受力筋界面。

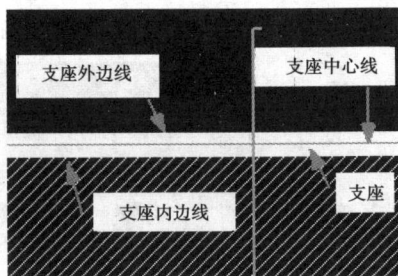

图 3.88 新建跨板受力筋

左标注和右标注:左右两边伸出支座的长度,根据图纸中的标注进行输入。

马凳筋排数:根据实际情况输入。

标注长度位置:可以选择支座中心线、支座内边线和支座外边线,根据图纸中标注的实际情况进行选择。此工程选择"支座中心线",如图 3.90 所示。

	属性名称	属性值	附加
1	名称	跨板受力筋C12-150	
2	钢筋信息	Φ12@150	☐
3	左标注(mm)	1200	☐
4	右标注(mm)	1200	☐
5	马凳筋排数	1/1	☐
6	标注长度位置	(支座中心线)	☐
7	左弯折(mm)	(0)	☐
8	右弯折(mm)	(0)	☐
9	分布钢筋	Φ8@200	☐
10	钢筋锚固	(35)	
11	钢筋搭接	(49)	
12	归类名称	(跨板受力筋C12-150)	☐
13	汇总信息	板受力筋	☐
14	计算设置	按默认计算设置计算	
15	节点设置	按默认节点设置计算	
16	搭接设置	按默认搭接设置计算	
17	长度调整(mm)		☐
18	备注		☐
19	⊞ 显示样式		

图 3.89 新建跨板受力筋界面

图 3.90 支座节点设置

分布钢筋:结施-9 中说明未标注分布筋均为"A8@200",因此此处输入"A8@200"。也可以在计算设置中对相应的项进行输入,这样就不用针对每一个钢筋构件进行输入了。

(2)跨板受力筋的绘制

对于该位置的跨板受力筋,可以采用"单板"和"垂直"布置的方式来绘制。选择"单板",再选择"垂直",单击 LB3,即可布置垂直方向的跨板受力筋。其他位置的跨板受力筋采用同样的布置方式。

6)负筋的定义与绘制

下面以 LB3 的 6 号负筋为例,介绍负筋的定义和绘制。

(1)负筋的定义

进入"板"→"板负筋",定义板负筋,如图 3.91 所示。

左标注和右标注:6 号负筋只有一侧标注,左标注输入"900",右标注输入"0"。

单边标注位置:根据图中实际情况,选择"支座中心线"。

LB3 在②轴上的 15 号负筋定义如图 3.92 所示。

对于左右均有标注的负筋,有"非单边标注含支座宽"的属性,指左右标注的尺寸是否含支座宽度,这里根据实际图纸情况选择"是"。其他内容与 6 号负筋输入方式一致。

按照同样的方式,定义其他的负筋。

(2)负筋的绘制

负筋定义完毕后,回到绘图区,对于①、②轴,ⓒ、ⓓ轴之间的 LB3 进行负筋的布置。

	属性编辑		
	属性名称	属性值	附加
1	名称	FJ-6	
2	钢筋信息	Φ8@200	☐
3	左标注(mm)	900	☐
4	右标注(mm)	0	☐
5	马凳筋排数	1/1	☐
6	单边标注位置	(支座中心线)	☐
7	左弯折(mm)	(0)	☐
8	右弯折(mm)	(0)	☐
9	分布钢筋	Φ8@200	
10	钢筋锚固	(35)	
11	钢筋搭接	(49)	
12	归类名称	(FJ-6)	☐
13	计算设置	按默认计算设置计算	
14	节点设置	按默认节点设置计算	
15	搭接设置	按默认搭接设置计算	
16	汇总信息	板负筋	☐
17	备注		☐
18	⊞ 显示样式		

图 3.91　负筋定义界面 1

	属性编辑		
	属性名称	属性值	附加
1	名称	FJ-15	
2	钢筋信息	Φ8@150	☐
3	左标注(mm)	900	☐
4	右标注(mm)	900	☐
5	马凳筋排数	1/1	☐
6	非单边标注含支座宽	(是)	
7	左弯折(mm)	(0)	☐
8	右弯折(mm)	(0)	☐
9	分布钢筋	Φ8@200	
10	钢筋锚固	(35)	
11	钢筋搭接	(49)	
12	归类名称	(FJ-15)	☐
13	计算设置	按默认计算设置计算	
14	节点设置	按默认节点设置计算	
15	搭接设置	按默认搭接设置计算	
16	汇总信息	板负筋	☐
17	备注		☐
18	⊞ 显示样式		

图 3.92　负筋定义界面 2

①对于左侧 6 号负筋,选择"按墙布置",再选择墙,按提示栏的提示单击墙右侧确定左方向,即可布置成功。

②对于②轴上的 15 号负筋,选择"按梁布置",再选择梁段,即可布置成功。

本工程中的负筋都可以按墙或者按梁布置,也可以选择画线布置。

(3)自动生成负筋

目前工程中,板负筋是常用构件,且具有规格多、数量多、尺寸不一致、布置情况复杂的特点。因此,每个板块的每条支座边均需布置不同规格、不同尺寸的板负筋。整个楼层要将所有板块布置完成,其工作量可想而知,而整个工程的布置完成,其工作量更是巨大。在用户使用软件计算钢筋量的过程中,布置板负筋是耗时较长的工作之一,所以,提高板负筋的布置效率是提高软件易用性、提高用户工作效率的重要工作。为此,软件设置了"自动生成负筋"功能来完成。

①首先选择要布置的负筋构件。

②在板负筋界面,运行"自动生成负筋"功能,如图 3.93 所示。

③软件提供5种布置范围确定的方式,可多选,布置负筋时按照所选方式的最小段进行布置。

④布筋线长度是指布筋的最小范围,小于此范围时软件自动不会布置负筋。

⑤选择布置范围后,单击"确定"按钮,进入绘图界面。选择要布置负筋的板,再单击右键确定即可完成布置。

⑥如果所选板已经布置负筋,则会弹出如图3.94所示的提示,根据实际情况选择即可。

自动生成负筋之后,可直接单击负筋,对负筋的名称、钢筋信息、左右标注进行修改。在修改名称时,软件可反建构件,如图3.95所示。

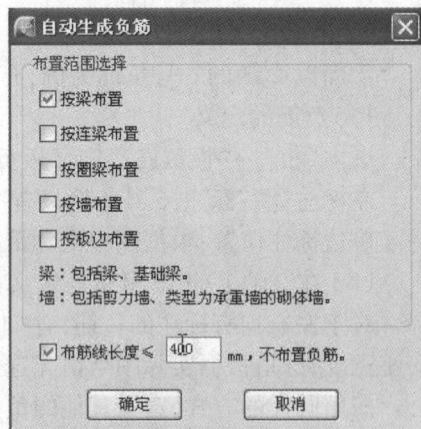

图 3.93 自动生成负筋

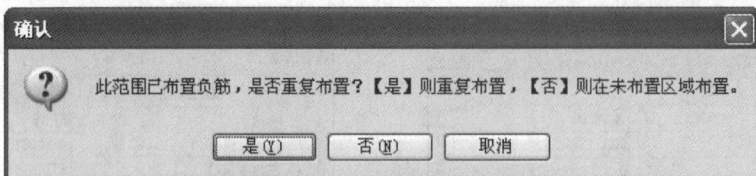

图 3.94 布置负筋对话框

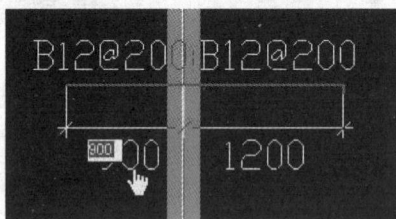

图 3.95 反建构件

四、任务结果

首层板钢筋量汇总表如表3.4所示(见报表预览——构件汇总信息分类统计表)。

表 3.4 首层板钢筋量汇总表

工程名称:广联达办公大厦

汇总信息	HPB300				HRB400				
	6	8	10	合计	8	10	12	14	合计
板负筋	0.005	0.233	0.11	0.348	0.372	0.172	0.225	0.427	1.197
板受力筋		0.385	0.065	0.45	1.13	3.881	2.588	0.767	8.366
现浇板			0.844	0.844					
合计	0.005	0.618	1.019	1.642	1.502	4.054	2.813	1.195	9.563

同学间可通过钢筋对量软件对比钢筋量,并查找差异原因。

3.6　砌体结构工程的计算

一、任务说明

完成首层砌体墙结构的定义和绘制(包括圈梁、构造柱、砌体加筋)。

二、任务分析

①分析结施-1 和结施-2,熟悉砌体填充墙加筋的配置。

②分析图纸,熟悉圈梁、构造柱的位置及配筋要求。

③分析图纸结施-2 和结构设计总说明。按照第(九)条中"9.墙充墙"(4)对构造柱做法的说明可知,构造柱在墙体转角、纵横墙相交位置,以及沿墙长每隔 3500～4000 mm 设置。

④分析图纸结施-2 和结构设计总说明第(九)条中"9.墙充墙"(7)圈梁的相关信息。

三、任务实施

1)砌体墙的定义

进入"墙"→"砌体墙",新建砌体墙,如图 3.96 所示。

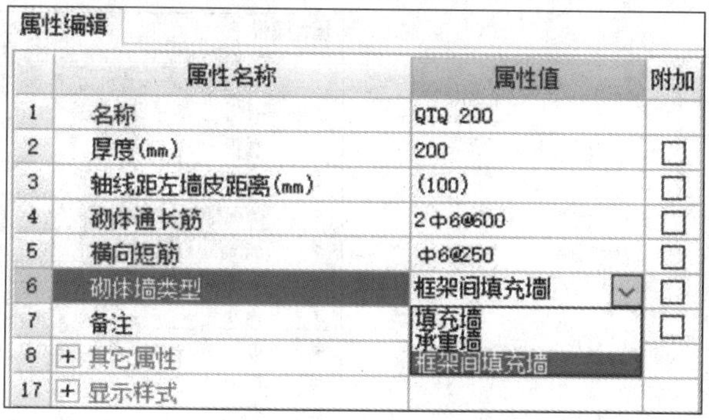

	属性名称	属性值	附加
1	名称	QTQ 200	
2	厚度(mm)	200	☐
3	轴线距左墙皮距离(mm)	(100)	☐
4	砌体通长筋	2Φ6@600	☐
5	横向短筋	Φ6@250	☐
6	砌体墙类型	框架间填充墙 ∨	☐
7	备注	填充墙 承重墙 框架间填充墙	☐
8	⊞ 其它属性		
17	⊞ 显示样式		

图 3.96　新建砌体墙界面

砌体通长筋是指砌体长度方向的钢筋,输入格式为"排数+级别+直径+间距",本工程砌体通长筋为 2A6@ 600。

横向短筋:按照提示栏提示的输入格式输入,本工程为 A6@ 250。

砌体墙类别:软件中分为填充墙、承重墙和框架间填充墙 3 种类别。

填充墙:一般用于施工洞口填充墙的绘制。

承重墙:当工程中有承重墙时,选用此类别。

框架间填充墙:一般作为框架结构的填充墙使用。

砌体墙的绘制和剪力墙一致,这里不再重复介绍。

2)圈梁的定义

绘制圈梁之前,需要绘制好砌体墙和门窗洞口。门窗洞口的定义与绘制在剪力墙部分已经介绍,这里不再赘述。

砌体墙和门窗洞口绘制完毕之后,下面定义和绘制圈梁。以Ⓑ轴下方的①~④轴之间的外墙上的圈梁为例,定义圈梁。

进入"梁"→"圈梁",新建矩形圈梁,如图 3.97 所示。

截面宽度:根据结施-2 可知,截面宽度同墙厚,输入"250"。

截面高度:输入"180"。

上部钢筋和下部钢筋:因为 $b>240$,根据图纸说明,输入"2C12"。

箍筋信息:输入"A6@ 200"。

3)圈梁的绘制

圈梁定义完毕之后,切换到绘图界面绘制图元。在Ⓑ轴下方的①~④轴之间的外墙上,采用"直线"画法绘制圈梁,其他位置的圈梁定义与绘制方法与此一致,根据实际情况,还可以使用"智能布置"。

4)构造柱的定义

对于构造柱的定义和绘制,可以采用与柱的相同的方法,此处不再重复介绍,只介绍不同的部分。

进入"柱"→"构造柱",新建构造柱。与框架柱相同部分不作介绍,下面主要介绍与框架柱不同的部分。

根据结施-2 第(九)条中"9.填充墙"(4)节的说明可知,构造柱上、下端楼层处 500 mm 高度范围内,箍筋间距加密到 100。这时需要在箍筋信息中输入"A6@ 100/200",然后在上、下加密范围内输入"500"(如图3.98所示),则完成此类情况下箍筋的定义。

	属性名称	属性值	附加
1	名称	QL-1	
2	截面宽度(mm)	250	☐
3	截面高度(mm)	180	☐
4	轴线距梁左边线距离(mm)	(125)	☐
5	上部钢筋	2Φ12	☐
6	下部钢筋	2Φ12	☐
7	箍筋	Φ6@200	☐
8	肢数	2	
9	其它箍筋		
10	备注		☐
11	⊞ 其它属性		
23	⊞ 锚固搭接		
38	⊞ 显示样式		

图 3.97 圈梁定义界面

	属性名称	属性值	附加
1	名称	GZ-250*250	
2	类别	构造柱	☐
3	截面编辑	否	
4	截面宽(B边)(mm)	250	☐
5	截面高(H边)(mm)	250	☐
6	全部纵筋	6Φ12	☐
7	角筋		☐
8	B边一侧中部筋		☐
9	H边一侧中部筋		☐
10	箍筋	Φ6@200	☐
11	肢数	2*2	
12	其它箍筋		
13	备注		☐
14	⊟ 其它属性		
15	汇总信息	构造柱	☐
16	保护层厚度(mm)	(25)	☐
17	上加密范围(mm)	500	☐
18	下加密范围(mm)	500	☐
19	插筋构造	设置插筋	☐
20	插筋信息		☐
21	计算设置	按默认计算设置计算	
22	节点设置	按默认节点设置计算	
23	搭接设置	按默认搭接设置计算	
24	顶标高(m)	层顶标高	☐
25	底标高(m)	层底标高	☐
26	⊞ 锚固搭接		
41	⊞ 显示样式		

图 3.98 构造柱定义界面

5)构造柱的绘制

构造柱的绘制,除了按照框架柱部分的方法进行绘制,还可采用更为便捷的方法,这里介绍"自动生成构造柱"的功能。

使用"自动生成构造柱"功能,不用先定义构造柱,软件是采用反建构件的方式来布置的。在绘图工具栏选择"自动生成构造柱"功能,弹出如图 3.99 所示的对话框。

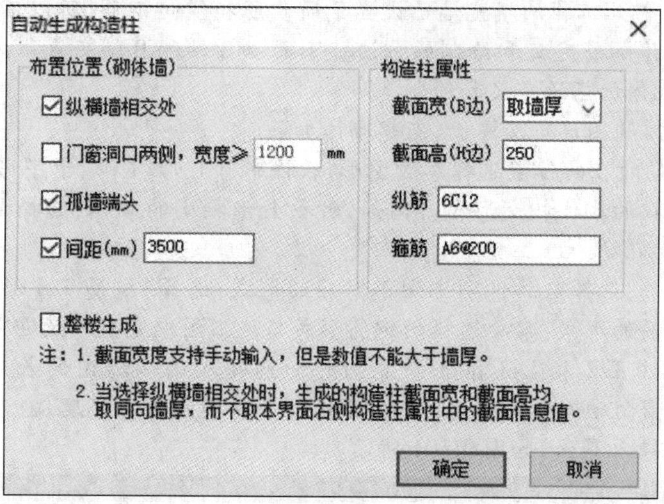

图 3.99　自动生成构造柱

根据结施-2 第(九)条中"9.填充墙"(4)的说明,设置好构造柱在砌体墙中的布置位置,然后根据图纸输入构造柱的属性。设置完成后,单击"确定"按钮,根据状态栏提示点选或是拉框选择砌体墙,单击右键确定,则在图中自动布置上了构造柱。

四、任务结果

首层砌体结构钢筋总量如表 3.5 所示(见报表中《构件类型级别直径汇总表》)。

表 3.5　首层砌体结构钢筋总量

工程名称:广联达办公大厦

汇总信息	HPB300			HRB400	
	6	10	合计	12	合计
构造柱	0.23		0.23	1.605	1.605
砌体通长拉结筋	0.807		0.807		
圈梁	0.157	0.284	0.441	0.324	0.324
合计	1.195	0.284	1.479	1.929	1.929

同学间可通过钢筋对量软件对比钢筋量,并查找差异原因。

知识拓展

(1)砌体加筋的定义和绘制

分析图纸结施-2 和结构设计总说明,可见 9.填充墙中"(3)填充墙与柱和抗震墙及构造柱连接处应设拉结筋,做法见图八",以及"墙两侧各一道加筋,锚入构造柱长度为 200,伸入墙内长度为 700"。但此工程的填充墙已设置了通长筋和横向钢筋,所以不再设置砌体加筋,此处只说明一下砌体加筋定义和绘制的方法。下面以③轴和Ⓑ轴交点下方 T 形砌体墙位置的加筋为例,介绍砌体加筋的定义和绘制。

a.在"砌体加筋"的图层定义界面,新建砌体加筋。

b.根据砌体加筋所在的位置选择参数图形,软件中有 L 形、T 形、十字形和一字形供选择,各自适用于相应形状的砌体相交形式。例如,对于 L 形相交的砌体,选择 L 形的砌体加筋定义和绘制。

● 新建砌体加筋:选择与总说明中图八对应的形式,选择"植筋 T-4 形"。砌体加筋参数图的选择主要看钢筋的形式,只要选择的钢筋形式与施工图中完全一致即可。

● 参数输入:Ls1,Ls2 和 Ls3 指 3 个方向的加筋伸入砌体墙内的长度,输入"700"(见图 3.100);b1 是指竖向砌体墙的厚度,输入"200";b2 指横向墙的厚度,输入"200"。单击"确定"按钮,回到属性输入界面,如图 3.101 所示。

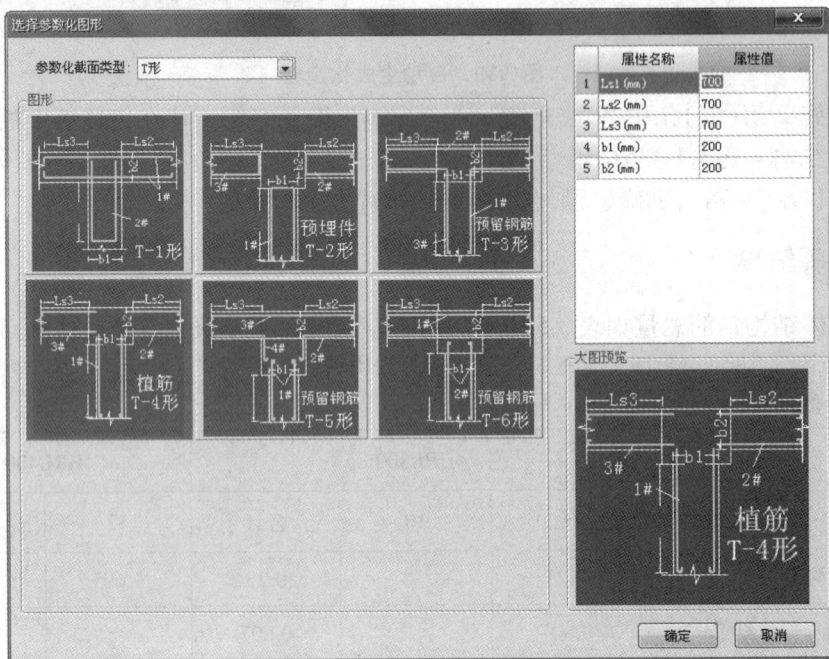

图 3.100　参数化设置砌体加筋

● 根据需要输入名称:按照总说明中图八,每侧钢筋信息为 A6@ 600,1#筋、2#筋和 3#筋分别输入"2A6@ 600":本截面形式中不存在 4#钢筋,不用输入。

● 加筋伸入构造柱的锚固长度需要在计算设置中设定。由于本工程所有砌体加筋的形式和锚固长度一致,所以可以在工程设置部分的计算设置中,针对整个工程的砌体加筋进行设置。由于选择的 T-4 形砌体加筋是按植筋的做法计算的,所以在图 3.102 中第 41 项"砌体加筋采用植筋时,植筋锚固深度"中输入"200"。这样,就可以一次性设置整个工程中砌体加筋的锚固长度。

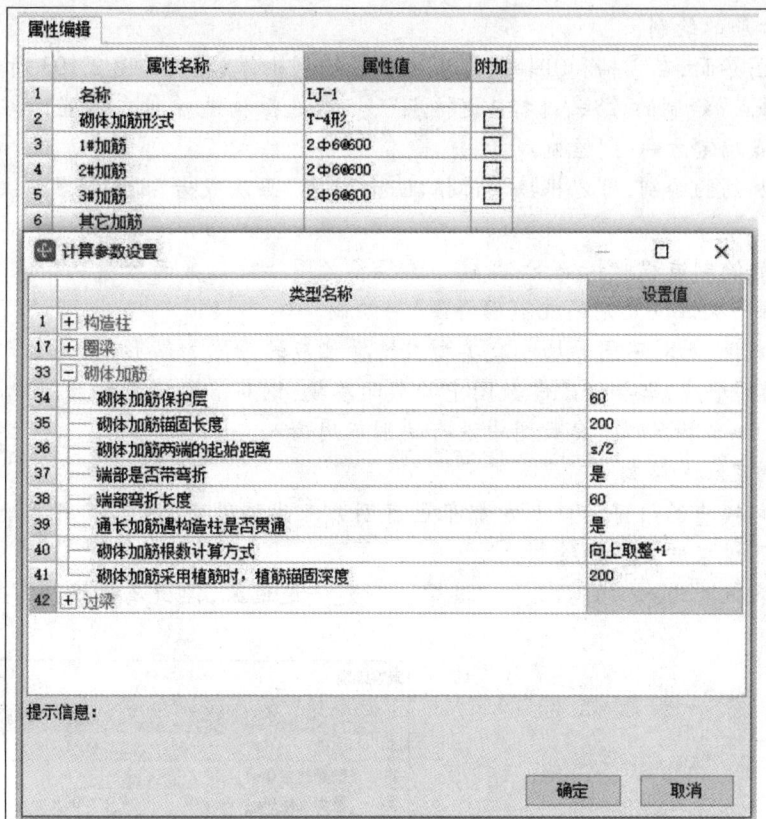

图 3.101　定义砌体加筋

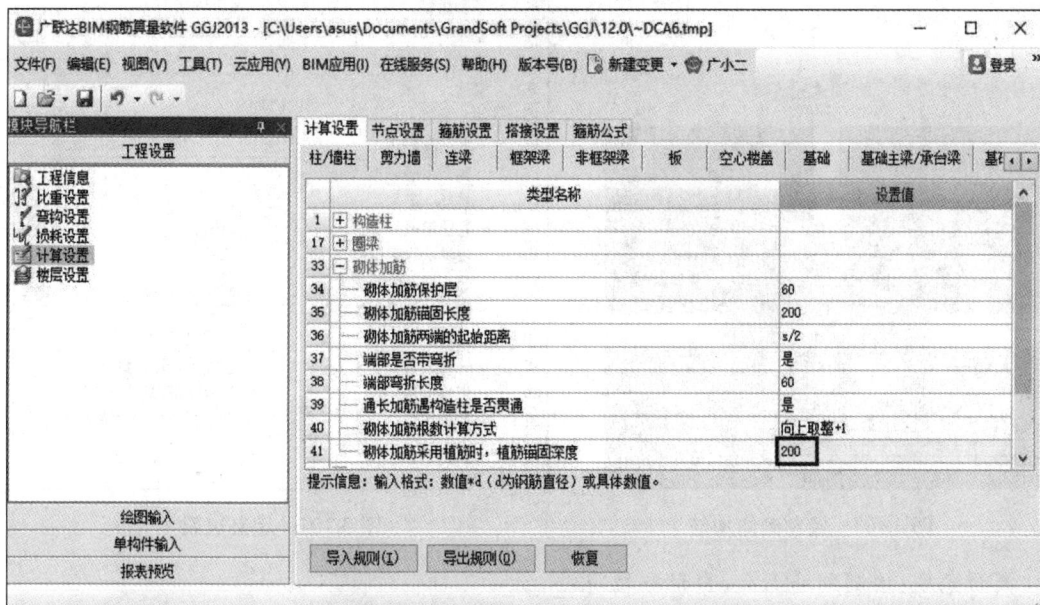

图 3.102　修改砌体加筋计算设置

在砌体加筋的钢筋信息和锚固长度设置完毕后,定义构件完成。按照同样的方法,可定义其他位置的砌体加筋。

(2)砌体加筋的绘制

切换到绘图界面,在③轴和⑧轴交点下方位置绘制砌体加筋,如图3.103所示。

采用"旋转点"绘制的方法,选择"旋转点",然后选择构造柱所在位置,再选择水平向砌体墙的左侧端点确定方向,则绘制成功。

其他位置加筋的绘制,可以根据实际情况选择"点"画法或者"旋转点"画法,也可以使用"智能布置"。

砌体加筋的绘制流程概括如下:新建→选择参数图→输入截面参数→输入钢筋信息→计算设置(本工程一次性设置完毕就不用再设)→绘制。

对本工程来说,针对不同的墙相交类型应选择相应的砌体加筋形式,如L形、十字形和一字形;针对不同的墙厚,需要修改参数图中的截面参数;钢筋信息按照参数图中存在的钢筋型号的数量输入 1#~4#的钢筋,参数图中没有的则不用输入。

(3)过梁的定义和绘制

本工程砌体墙中的门窗洞口上方都布置有圈梁来代替过梁,因此不用再绘制过梁,这里仅简单介绍一下过梁的定义和绘制。

①过梁的定义。进入"门窗洞"→"过梁",新建一道过梁,弹出属性编辑窗口,如图3.104所示。

	属性名称	属性值	附加
1	名称	GL-1	
2	截面宽度(mm)		☐
3	截面高度(mm)	120	☐
4	全部纵筋		
5	上部纵筋	2Φ10	☐
6	下部纵筋	4Φ12	☐
7	箍筋	Φ6@150(2)	☐
8	肢数	2	☐
9	备注		☐
10	⊟ 其它属性		
11	其它箍筋		
12	侧面纵筋(总配筋值)		☐
13	拉筋		
14	汇总信息	过梁	
15	保护层厚度(mm)	(25)	
16	起点伸入墙内长度(mm)	250	☐
17	终点伸入墙内长度(mm)	250	☐
18	位置	洞口上方	
19	计算设置	按默认计算设置计算	
20	搭接设置	按默认搭接设置计算	
21	顶标高(m)	洞口顶标高加过梁高度	☐
22	⊞ 锚固搭接		
37	⊞ 显示样式		

图 3.103 绘制砌体加筋   图 3.104 定义过梁

截面宽度:绘制到墙上后,自动取墙厚。

起点伸入墙内长度和终点伸入墙内长度:此项会影响到钢筋长度的计算,根据实际图纸情况输入,一般为250。

位置:按实际情况选择洞口上方或者洞口下方。

其他属性和梁的定义类似,在此不作详细介绍。

按照同样的方法定义其他过梁。

②过梁的绘制。过梁定义完毕后,回到绘图界面,绘制过梁。过梁的布置可以采用"点"画法,也可在门窗洞口"智能布置"。按照不同的洞口宽度,选择不同的过梁进行绘制。

"点":选择"点",选择要布置过梁的门窗洞口,即可布置上过梁。

"智能布置":选择要布置的过梁构件,选择"智能布置"命令,拉框选择或者点选要布置过梁的门窗洞口,单击右键确定,即可布置上过梁。

砌体结构部分的钢筋一般会在结构设计总说明中进行说明,因此,在计算砌体结构的钢筋时,一定要仔细阅读结构设计说明,完整地输入所有构件的钢筋。

第4章 第2、3层结构钢筋工程量计算

4.1 层间复制

一、任务说明

将首层的图元复制到第2、3层。

二、任务分析

根据结施-4可知,首层的墙、柱和上面各层的基本相同;由结施-8和结施-9可知,相同的梁比较多。由于本工程不同楼层之间存在较多的相同构件,因此可以通过层间复制来快速绘制其他层的构件。

三、任务实施

1)复制选定图元到其他楼层

①在首层,复制图元到第2层,使用"复制选定图元到其他楼层"功能。

②在首层,用鼠标选择图元,或者使用"批量选择"功能来选择图元。用鼠标选择图元,只能选择当前图层的构件图元;"批量选择"则可以选择不同类型的构件图元。

③在"构件"菜单下选择"批量选择",弹出如图4.1所示的选择构件对话框。由于要把首层的柱和梁复制到第2层,因此勾选柱和梁,单击"确定"按钮,则选择图元完毕。

④在"楼层"菜单下选择"复制选定图元到其他楼层",在如图4.2所示的对话框中选择"第2层",单击"确定"按钮,把选择的图元复制到第2层。

2)从其他楼层复制构件图元

层间复制构件还可以使用"从其他楼层复制构件图元"这个功能。

①首先,从绘图工具栏通过楼层切换进入第2层平面,如图4.3所示。

②在"楼层"菜单下选择"从其他楼层复制构件图元"功能。

③在弹出的如图4.4所示的对话框中,选择源楼层及需要复制的构件,然后选择目标楼层(第2层),单击"确定"按钮,则将首层的构件复制到了第2层。

图 4.1　批量选择构件图元

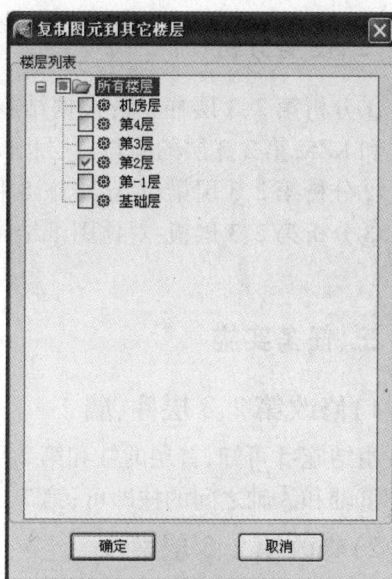

图 4.2　复制图元到其他楼层

图 4.3　楼层切换

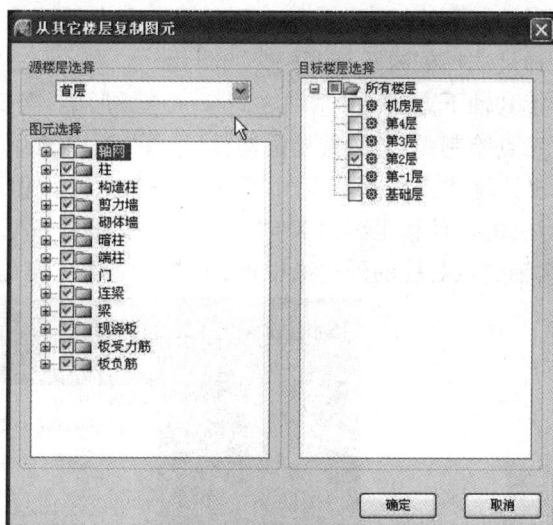

图 4.4　从其他楼层复制图元

4.2　修改构件

一、任务说明

将首层的图元复制到第 2、3 层后,对照图纸修改相应图元。

二、任务分析

①分析第 2、3 层柱、墙：根据结施-5，首层的柱和第 2 层柱基本相同，只是第 2、3 层没有 KZ4 和 KZ5，第 2、3 层的墙与首层相同。

②分析第 2、3 层梁：对比结施-8 和结施-9 的不同，按照先横后竖的顺序查找。

③分析第 2、3 层板：对比图纸结施-10 和结施-9，主要的区别是Ⓐ~Ⓒ、④~⑦轴的区域有变化。

三、任务实施

1)修改第 2、3 层柱、墙

由结施-5 可知，首层的柱和第 2 层的柱基本相同，只是第 2、3 层没有 KZ4 和 KZ5，因此删除掉Ⓑ轴和Ⓐ轴之间的柱即可；第 2、3 层的墙与首层相同，不用作调整。

2)修改第 2、3 层梁

①Ⓔ轴上方 L12 变为 L3，尺寸、跨数与首层的 L12 一致，因此可直接打开原有的 L12 的属性定义框，将名称修改为 L3，然后重新进行原位标注即可。

②同样的，将Ⓔ轴上⑨~⑪轴之间的 KL8 修改名称为 KL7，重新进行原位标注。

③拉框删除掉Ⓐ~Ⓑ轴之间的梁。向右拉框选择是选择完全包含在框内的图元，向左拉框选择是选择框内及与框相交的图元。

④Ⓑ轴下方的④~⑦轴之间有一道弧形梁，需要绘制该弧形梁。

三点绘制弧形梁：选择梁构件，选择"三点画弧"。首先选择梁的端点，即Ⓑ、④轴交点处柱的外边缘中点）；第 2 点用"Shift"键+鼠标左键偏移，基准点捕捉Ⓑ轴梁的中点，根据图纸中的标注，输入偏移距离为 X="0"，Y="-2290-125"，然后单击"确定"按钮；最后选择终点为Ⓑ、⑦轴交点处柱的外边缘中点，单击右键确定即完成了弧形梁的绘制，如图 4.5 所示。

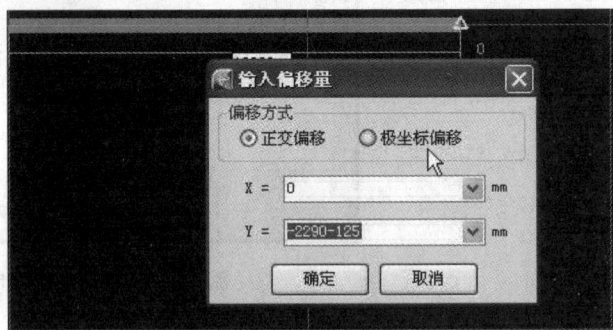

图 4.5 偏移量

按照相同的方法，完成第 2、3 层其他位置梁的修改。

3)修改第 2、3 层板

对比图纸结施-10 和结施-9，主要的区别是Ⓐ~Ⓒ、④~⑦轴的区域有变化，此时需要对该区域重新绘制板和钢筋，按照前面介绍的方法调整即可。

其他构件也采用同样的方法，对照图纸进行修改完善，最后完成第 2、3 层的构件绘制。

修改构件的顺序按照绘图的顺序，避免遗漏。绘图区修改顺序，可以按照从左到右、从上到下的顺序有序地修改。

四、任务结果

第2层所有构件钢筋汇总表如表4.1所示(见报表中《楼层构件类型级别直径汇总表》)。

表4.1　第2层构件钢筋总重

楼层名称	构件类型	钢筋总重(kg)	HPB300			HRB400								
			6	8	10	8	10	12	14	16	18	20	22	25
第2层	柱	7427.519		23.202	2495.827					92.967		3544.944	1069.224	201.355
	暗柱\端柱	6249.829			3228.154					1287.735		1733.94		
	构造柱	1646.475	233.358					1413.117						
	墙	4580.23		152.984				4427.247						
	砌体墙	807.963	807.963											
	暗梁	611.729		142.429								469.3		
	连梁	604.699			181.428						197.76		203.951	21.56
	梁	9531.595	23.954	1903.565	4.128				452.08	21.69	1006.768	3020.326	2653.034	446.049
	圈梁	833.355	187.107		317.006			329.242						
	现浇板	10178.255	4.609	760.215	947.961	2003.903	2459.638	2951.843	1050.086					
	合计	42471.649	1256.991	2982.395	7174.503	2003.903	2459.638	9121.449	1502.167	1402.392	1204.528	8768.51	3926.21	668.964

第3层所有构件钢筋汇总表如表4.2所示(见报表中《楼层构件类型级别直径汇总表》)。

表4.2　第3层构件钢筋总重

楼层名称	构件类型	钢筋总重(kg)	HPB300			HRB400								
			6	8	10	8	10	12	14	16	18	20	22	25
第3层	柱	7806.098		158.681	2389.967					92.335		4004.166	1160.948	
	暗柱\端柱	4885.056		2152.033					999.082			1733.94		
	构造柱	1688.704	237.84					1450.864						
	墙	3248.692		96.313	3152.379									
	砌体墙	801.031	801.031											
	暗梁	525.565		142.429							383.136			
	连梁	627.963			181.428						211.584		213.392	21.56
	梁	9593.685	23.954	1884.442	4.128				452.08	21.69	1012.672	3058.784	2684.11	451.824
	圈梁	835.131	173.145		243.732			418.253						
	现浇板	10207.71	4.609	760.215	947.961	2033.291	2459.699	2951.843	1050.086					
	合计	40219.63	1336.893	5097.8	6919.595	2033.291	2459.699	4820.961	2501.249	114.025	1607.392	8796.89	4058.45	473.384

同学间可通过钢筋对量软件对比钢筋量,并查找差异原因。

知识拓展

复制到其他层后,修改图元的其他方法如下:

①属性不同的,修改属性信息(例如截面信息、钢筋信息和标高)。

②名称不同的,修改名称,反建构件。

③对于首层的构件,也可以采用先复制、再修改属性,或者先绘制、再反建构件的方法,用户可以根据自己的习惯和工程实际,选择合适的方法绘制。

④做工程时,用户可根据不同楼层之间图元的相似关系进行复制和修改,可以快速地建立结构的框架,然后进行局部的修改,从而减少重复性的定义和绘制的时间,提高工作效率。对于初学者,可以先按照完整的流程绘制,熟练之后再逐步熟悉和掌握快速建模的方法。

第5章 第4层、机房层结构钢筋工程量计算

一、任务说明

(1)完成第4层斜板及关联构件的定义和绘制。

(2)完成边角柱的判断。

(3)完成第4层、机房层所有构件的定义和绘制。

二、任务分析

①分析图纸:分析结施-11中的15.5板平法施工图和19.5板平法施工图,以及建施-7和结施-7可知,④、⑤轴之间和①、Ⓔ轴之间的板为斜板,标高为19.5和18.5。软件提供了3种方式来定义斜板:三点定义斜板、抬起点定义斜板和坡度系数定义斜板。

②在柱的属性定义中有一个"柱类型"的属性,软件默认为中柱,但允许修改为角柱和边柱。根据16G101-1第67—68页的要求,3种类型的柱在顶层时的钢筋构造是不同的,所以在顶层时需要正确选择每个柱图元的"柱类型"属性,才能保证钢筋计算结果的准确性。

③第4层及机房层构件绘制方法如前面4章内容所述。

三、任务实施

1)定义斜板

下面针对LB1介绍"三点定义斜板"。

板绘制完毕后,在"绘图工具条"选择"三点定义斜板",选择板图元,如图5.1所示。图中显示板各顶点的标高,可直接单击标高数据修改标高,此处只要修改右侧两个顶点中的一个即可。输入"18.5",按"Enter"键确定,则斜板定义成功,如图5.2所示。

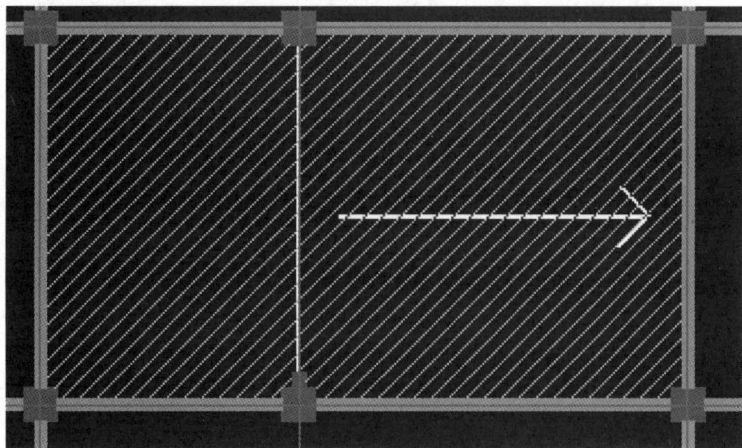

图5.1 三点定义斜板

图 5.2　斜板绘制完毕

其他两种定义斜板的方式,请参照软件内置的"文字帮助"。一般情况下,使用"三点定义斜板"比较方便快捷。

斜板定义完毕,斜板下的柱墙构件标高需要设置为斜板的标高,软件提供了"平齐板顶"功能,可一次性设置柱、墙、梁的标高与板的标高一致。

2)判断边角柱

顶层的梁绘制完毕后,围成了封闭的区域,就可以进行边角柱的识别了。

在柱的图层单击"绘图工具条"中的"自动判断边角柱",软件将提示:"自动判断成功"。该功能只针对框架柱和框支柱,判断完毕后,边柱和角柱的颜色将改变,与中柱不同,3种不同的颜色显示出不同的柱类型。本工程中只有边柱和中柱,根据施工的习惯,在判断边角柱时不考虑悬挑跨,⑨轴与Ⓔ轴交点的柱判断为边柱。

判断边角柱成功后,柱的属性中"柱类型"这一项也随之变化,⑨轴与Ⓔ轴交点的柱显示为"边柱-B",表示该柱在顶层锚固时,B边长锚。

通过对边角柱的判断,可自动匹配边角柱的计算节点进行钢筋的计算,不需用户手动调整,更方便快捷,减少了用户的工作量。

四、任务结果

第4层所有构件钢筋汇总表如表5.1所示(见报表中《楼层构件类型级别直径汇总表》)。

表 5.1 第 4 层构件钢筋总重

楼层名称	构件类型	钢筋总重(kg)	HPB300			HRB400								
			6	8	10	8	10	12	14	16	18	20	22	25
第4层	柱	7012.229		149.541	2389.967					55.275		3377.379	1040.068	
	暗柱/端柱	4575.224		2183.665					883.624			1507.935		
	构造柱	1716.719	260.35					1456.37						
	墙	3071.705	96.313		2975.391									
	砌体墙	909.474	909.474											
	暗梁	529.877		142.429							387.448			
	连梁	483.208		137.081							161.088	169.64		15.4
	梁	8955.968	24.245	1794.999	4.128				458.031	148.179	1552.484	2052.987	2392.261	528.655
	圈梁	886.111	184.94		282.929			418.243						
	现浇板	14582.952		7.643	1098.908	1830.113	5666.162	5980.126						
	合计	42723.467	1475.321	4415.357	6751.323	1830.113	5666.162	7854.738	1341.655	203.453	2101.02	7107.941	3432.328	544.055

机房层所有构件钢筋汇总表如表 5.2 所示(见报表中《楼层构件类型级别直径汇总表》)。

表 5.2 机房层构件钢筋总重

楼层名称	构件类型	钢筋总重(kg)	HPB300			HRB400								
			6	8	10	8	10	12	14	18	20	22	25	
机房层	柱	1472.831		50.64	501.858						722.238	198.096		
	暗柱/端柱	400.447		299.094					101.353					
	构造柱	952.388	93.195					859.193						
	墙	323.664	8.658		315.006									
	砌体墙	357.979	357.979											
	过梁	72.422	15.133		16.267			41.022						
	梁	1084.711		186.306					36.116	77.584	356.051	409.404	19.25	
	圈梁	491.917	154.318		337.599									
	现浇板	3029.029	4.512	14.09	159.351	117.714	351.336	2382.027						
	合计	8185.388	633.794	550.129	1330.081	117.714	351.336	3282.242	137.469	77.584	1078.288	607.5	19.25	

同学间可通过钢筋对量软件对比钢筋量,并查找差异原因。

第6章　地下一层结构钢筋工程量计算

一、任务说明

(1)完成地下一层异形柱的定义和绘制。

(2)完成地下一层所有构件的定义和绘制。

二、任务分析

①分析图纸,在本层中存在一些异形端柱(如 GDZ6),需要建立异形柱。

②对照结施-12,可知地下一层的框架柱只有 KZ1 和 KZ2,因此可采用第 4 章讲解的方法,将上层框架柱复制到地下一层,再采用批量删除的方式删掉多余的框架柱即可。

③其他点式、线式、面式构件,可采用第 3 章介绍的方法进行定义和绘制。

三、任务实施

下面以 GDZ6 为例进行讲解。

1)定义异形柱截面

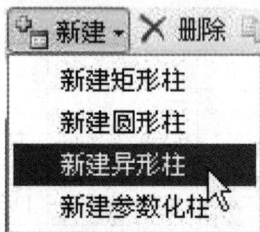

图 6.1　新建异形柱

①进入"柱"→"框架柱",新建异形柱,如图 6.1 所示。

②软件自动启动"多边形编辑器",在"多边形编辑器"中,可以采用直线、弧、圆等组合来绘制异形构件的界面形状。如果在实际工程中有 CAD 图纸,也可以将柱大样图导入软件中,然后直接从 CAD 图中读取多边形截面,如图 6.2 所示。

导入 CAD 图纸的步骤,用户可参照后面介绍的"CAD 导图"→"CAD 草图"部分的"导入 CAD 图"功能。

导入图纸后,直接使用"多边形编辑器"→"从 CAD 选择截面图",从 CAD 中选择多边形形状导入软件中,而且多边形各边尺寸可进行调整,也可进行保存,以便下次重复使用。导入完成之后单击"确定"按钮,则完成异形柱截面的定义,如图 6.3 所示。

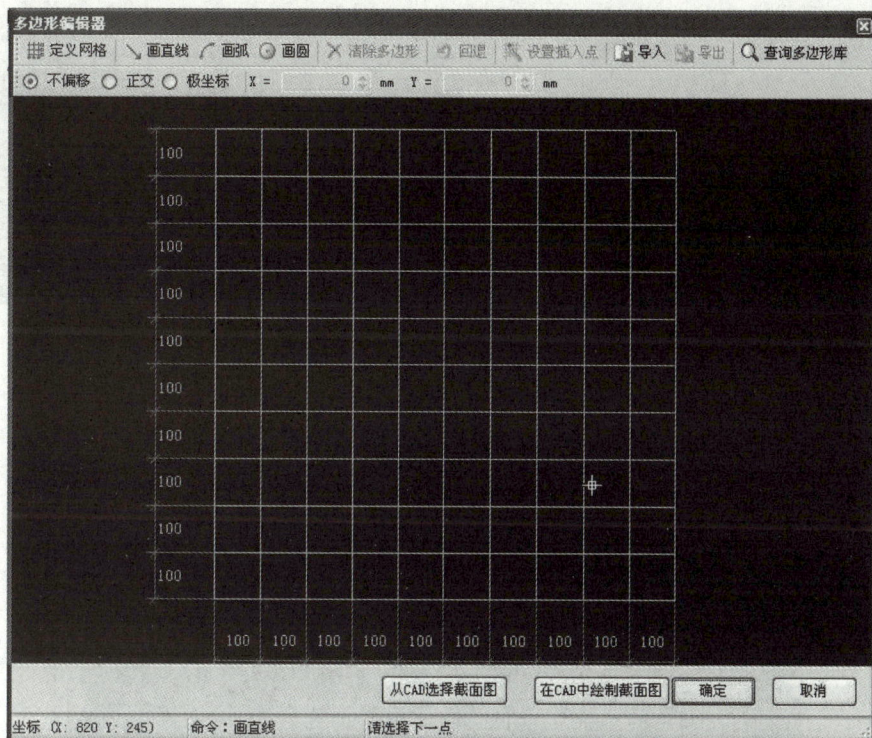

图 6.2　多边形编辑器

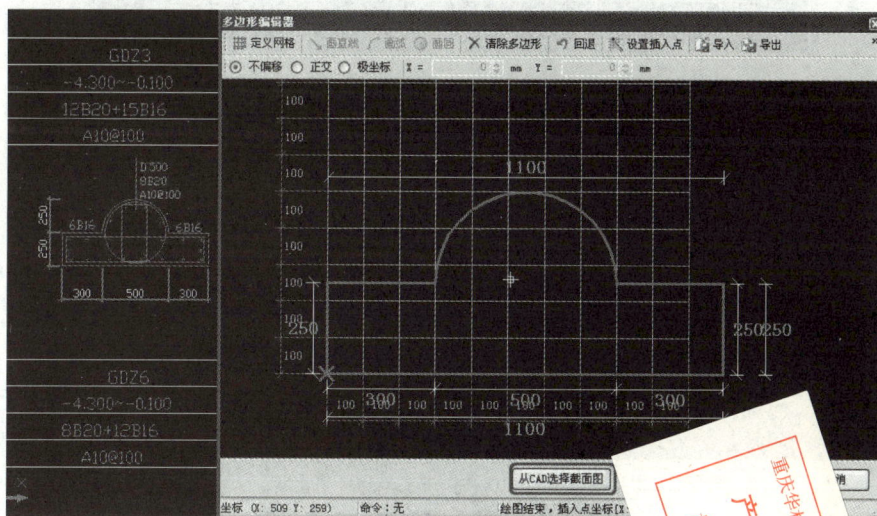

图 6.3　定义异形柱截面

2)配置异形柱的钢筋

①在柱的属性定义截面(如图 6.4 所示),将截面编辑修改为"⋯

②在截面编辑框中,对照图纸定义柱的纵筋和箍筋,先布置纵筋、后布置箍筋。

纵筋的布置顺序是:先角筋、后边筋,先输入钢筋、再进行布置。纵筋定义完成后如图 6.5 所示。

图 6.4 柱截面属性编辑

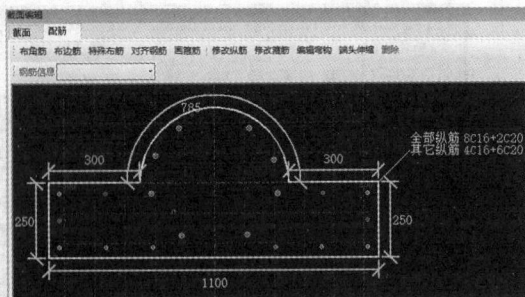

图 6.5 截面编辑

箍筋的定义:先输入箍筋,然后通过各种方式进行布置,如图 6.6 所示。

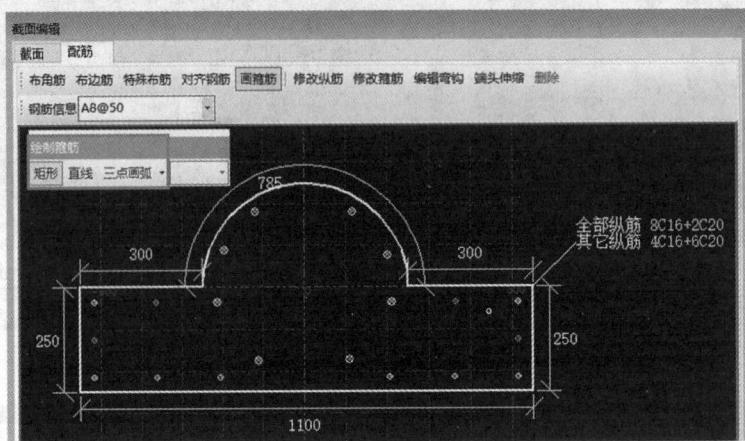

图 6.6 布置柱箍筋

按照上面的方法,即可完成异形柱的定义。

3)柱构件的绘制及修改

定义完成后,通过前面介绍的绘制柱的方法将柱布置到图上,如图 6.7 所示。

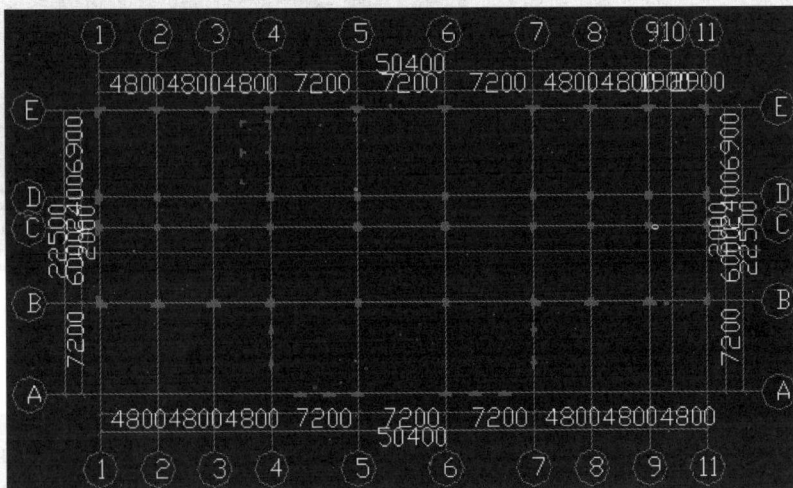

图 6.7 地下一层柱绘制完成

需要特别注意的是,在读图时会发现基础层有基础梁,地下一层的柱有的生根于筏板基础,有的生根于基础梁,根据16G101-3 第 66 页中柱纵向钢筋在基础中的构造,处理柱在基础中的弯折长度时,需要对图元属性中的"计算设置"进行修改。

如图 6.8 所示,椭圆处特别标注的 12 根柱是生根于筏板基础的。

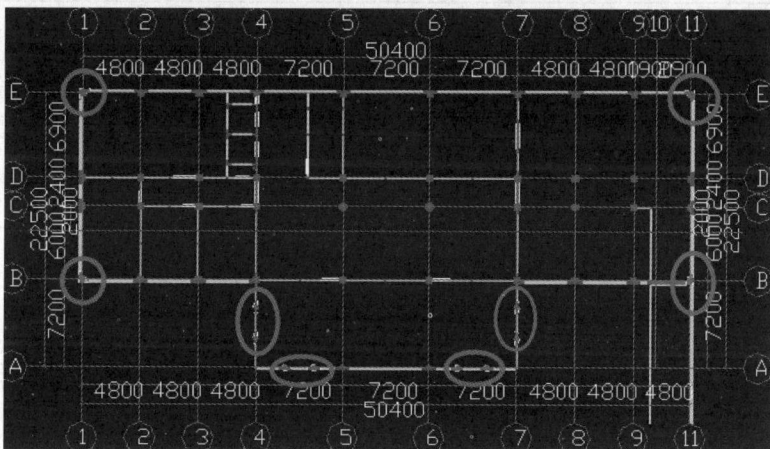

图 6.8　生根于筏板的柱

根据图集要求,需要将这些柱的弯折长度设置为"15×d"。选中图示的柱,在属性编辑器中进行修改,如图 6.9 所示。

图 6.9　修改柱属性

除图示的 12 根柱之外,其他的柱都生根于梁,根据图集要求,需要弯折长度选择 $\max(16d,150)$ 即可。

其余构件可按照第 3 章讲解方法进行定义和绘制,在此不再重复讲解。

四、任务结果

地下 1 层构件钢筋汇总表如表 6.1 所示。(见报表中《楼层构件类型级别直径汇总表》)

表 6.1　地下 1 层构件钢筋总重

构件类型	钢筋总重(kg)	HPB300			HRB400							
		6	8	10	10	12	14	16	18	20	22	25
柱	5476.2		9.843	1509.655				33.711		2734.626	829.823	358.543
暗柱/端柱	15960.53			7875.652				3431.697		4653.184		
构造柱	498.141	69.067				429.074						
墙	21868.62		568.168			12899.31	8401.146					
砌体墙	451.047	451.047										
暗梁	1935.127		439.058							1496.069		
连梁	683.36			226.112						364.078		93.17
梁	9078.759	18.717	1521.327				133.245	21.69	656.388	3551.102	2092.407	1083.883
圈梁	365.174	73.952		291.222								
现浇板	19942.96	3.627		1368.877	939.367	17631.09						
后浇带	259.154					259.154						
合计	76519.07	616.41	2538.396	11271.52	939.367	31218.62	8534.391	3487.098	656.388	12799.06	2922.23	1535.596

同学间可通过钢筋对量软件对比钢筋量,并查找差异原因。

第 7 章　基础层钢筋工程量计算

7.1　筏板基础的定义与绘制

一、任务说明

完成筏板基础的定义与绘制,并计算钢筋量。

二、任务分析

参照结施-3 基础结构平面图,确定筏板的位置、筏板厚度及钢筋信息。

三、任务实施

1)筏板的定义

上层结构绘制完毕后,把地下一层的竖向构件复制到基础层,然后进行基础层的绘制。首先,参照结施-3 和基础结构平面图来定义和绘制筏板基础,如图 7.1 所示。

马凳筋参数:根据实际情况输入,与板的马凳筋定义类似。

线形马凳筋方向:有"平行横向受力筋"和"平行纵向受力筋"两种方式,根据实际施工方式选择。本工程筏板中的马凳筋设置为 II 型马凳筋图形,钢筋等级为 A10@1200。

筏板侧面钢筋:根据实际情况输入,本工程不设侧面钢筋。

	属性名称	属性值	附加
1	名称	FB-500	
2	混凝土强度等级	(C30)	☐
3	厚度(mm)	(500)	☐
4	顶标高(m)	层底标高+0.5	☐
5	底标高(m)	层底标高	☐
6	保护层厚度(mm)	(40)	☐
7	马凳筋参数图	II 型	☐
8	马凳筋信息	Φ10@1200	☐
9	线形马凳筋方向	平行横向受力筋	☐
10	拉筋		☐
11	拉筋数量计算方式	向上取整+1	☐
12	马凳筋数量计算方式	向上取整+1	☐
13	筏板侧面纵筋		☐
14	U形构造封边钢筋		☐
15	U形构造封边钢筋弯折长度(mm)	max(15*d,200)	☐
16	归类名称	(FB-500)	☐
17	汇总信息	筏板基础	☐
18	备注		☐
19	⊞ 显示样式		

图 7.1　定义筏板基础

2)筏板的绘制

注意:绘制筏板之前,需要把基础层上一层的竖向构件复制到基础层上(如柱、墙等)。

本工程采用"直线"绘制,沿外围轴线绘制筏板,如图 7.2 所示。

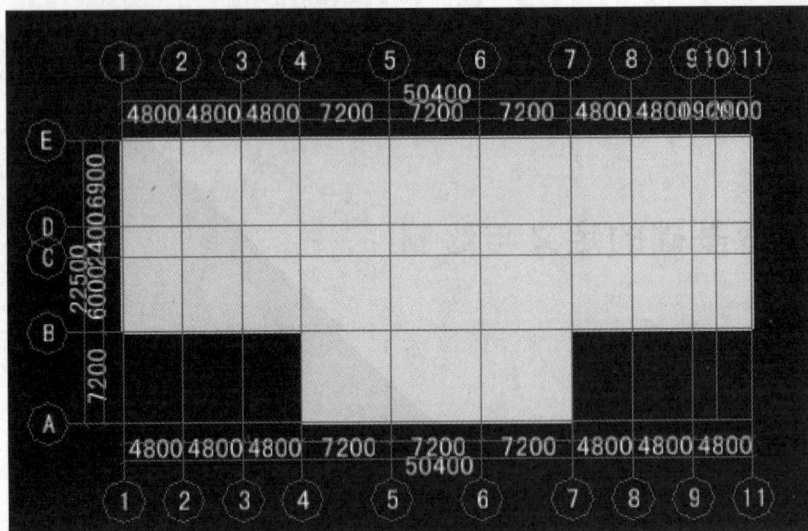

图 7.2　绘制筏板

　　绘制完毕,采用"偏移"功能,针对筏板不同的边向外偏移。

　　由结施-3可知,筏板不同位置的边偏移出轴线的距离不同,因此要使用"多边偏移"的功能。

　　①选择"修改"菜单下的"偏移"功能,或者在"修改工具条"中选择相应的命令,然后选择筏板图元,单击右键确定,弹出如图7.3所示的对话框,选择"多边偏移"。

　　②选择要进行偏移的边,这里一次性选择偏移方向和距离相同的几条边(①轴、⑪轴和Ⓔ轴的筏板边线),选择完毕后单击右键确定。

　　③将鼠标移到筏板外侧,在输入框中输入"1200"(见图7.4),按"Enter"键确定,这样就一次性设置了偏移距离为1200的3条边。

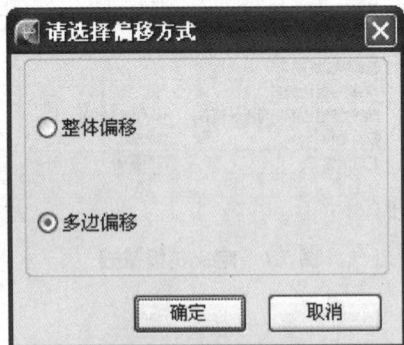

图 7.3　选择偏移方式

图 7.4　输入偏移距离

采用同样的方法,偏移筏板的其他边线。偏移完成后,筏板绘制成功,如图7.5所示。

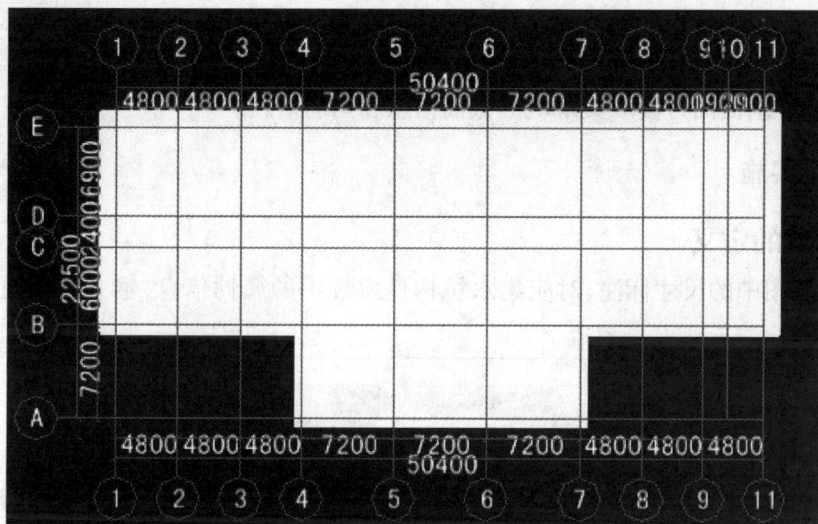

图 7.5　筏板绘制完成

3）筏板的钢筋

筏板的钢筋有筏板主筋(包括底筋、面筋、中间层筋)、筏板负筋、马凳筋(在筏板属性中设置)。

筏板钢筋的定义和绘制与现浇板的相同,这里不作详细介绍,用户可以参照筏板受力筋部分的介绍,或者参照软件内置的"文字帮助"。

四、任务结果

绘制完集水坑、基础梁等基础层其他构件之后,在报表中的《构件类型级别直径汇总表》可查看筏板基础的钢筋量,部分信息如表 7.1 所示。

表 7.1　筏板基础钢筋总重

工程名称:广联达办公大厦

构件类型	钢筋总重(kg)	HRB400
		25
筏板基础	83821.584	83821.584
合计	83821.584	83821.584

同学间可通过钢筋对量软件对比钢筋量,并查找差异原因。

7.2　集水坑的定义和绘制

一、任务说明

完成基础层集水坑的定义和绘制。

二、任务分析

从结施-3中剖面图可读取集水坑的截面信息和钢筋信息。

三、任务实施

1)集水坑的定义

按照 CAD 图中的尺寸标注,对应集水坑构件属性中的属性信息,输入集水坑的属性,各位置参数如下:

图 7.6 定义集水坑 1

CAD 图中显示集水坑的截面尺寸为 2250×4700;坑底出边距离为 600;坑底板厚度为 800;坑板顶标高为-5.5;放坡角度为 45°;钢筋信息同筏板的钢筋信息,均为 C25@ 200;集水坑 1 的属性输入如图 7.6 所示。

属性输入完毕,集水坑构件的定义完成,切换到绘图界面绘制集水坑。

2)集水坑的绘制

根据 CAD 图中的尺寸标注,在筏板上绘制 JSK1。在绘制时,可利用快捷键"F4"来切换构件的插入基点,绘制完成后如图 7.7 所示,其三维显示效果如图 7.8 所示。

按照同样的方式可定义并绘制集水坑 2。

四、任务结果

绘制完集水坑、基础梁等基础层其他构件之后,在报表中的《楼层构件统计校对表》可查看集水坑的钢筋量,部分信息如表 7.2 所示。

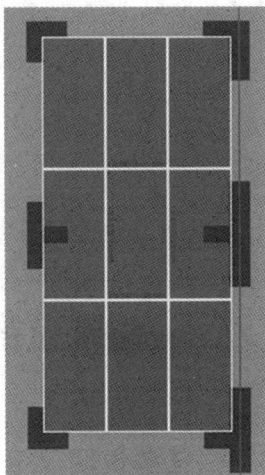

图 7.7 集水坑绘制完成

图 7.8　集水坑三维图

表 7.2　集水坑钢筋总重

楼层名称:基础层(绘图输入)						
构件类型	钢筋总重(kg)	构件名称	构件数量	单个构件钢筋重(kg)	构件钢筋总重(kg)	接头
集水坑	6047.565	JSK1[2809]	1	4500.561	4500.561	33
		JSK2[2813]	1	1547.003	1547.003	

同学间可通过钢筋对量软件对比钢筋量,并查找差异原因。

7.3　基础梁的定义和绘制

一、任务说明

完成基础梁的定义和绘制。

二、任务分析

①基础梁与其他梁有什么不同?

②分析结施-3 结构平面图中的标注(基础梁 JZL2 图示见图 7.9)。

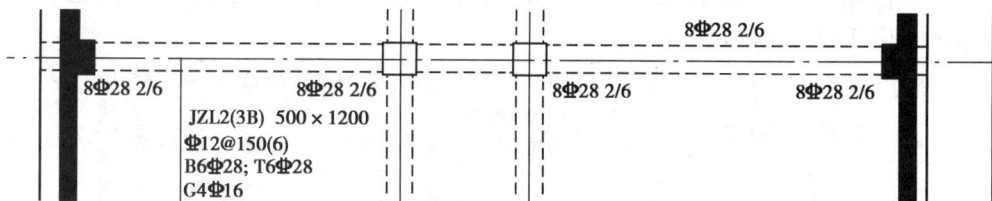

图 7.9　基础梁 JZL2 图示

三、任务实施

以⑧轴上的 JZL2 为例,介绍基础梁的定义和绘制。

1)基础梁的定义

JZL2 的定义如图 7.10 所示。

	属性名称	属性值	附加
1	名称	JZL2(3B)-500*1200	
2	类别	基础主梁	☐
3	截面宽度(mm)	500	
4	截面高度(mm)	1200	
5	轴线距梁左边线距离(mm)	(250)	
6	跨数量	3B	
7	箍筋	Φ12@150(6)	☐
8	肢数	6	
9	下部通长筋	6Φ28	☐
10	上部通长筋	6Φ28	☐
11	侧面构造或受扭筋(总配筋值)	G4Φ16	☐
12	拉筋	(Φ8)	
13	其它箍筋		☐
14	备注		☐
15	⊟ 其它属性		
16	— 汇总信息	基础梁	☐
17	— 保护层厚度(mm)	(25)	☐
18	— 箍筋贯通布置	是	
19	— 计算设置	按默认计算设置计算	
20	— 节点设置	按默认节点设置计算	
21	— 搭接设置	按默认搭接设置计算	
22	— 起点顶标高(m)	层顶标高	☐
23	— 终点顶标高(m)	层顶标高	☐
24	⊞ 锚固搭接		
39	⊞ 显示样式		

图 7.10　定义 JZL2

下部通长筋和上部通长筋:输入"6C28";

侧面纵筋:输入"G4C16"。

起点顶标高和终点顶标高:选择为层底标高加梁标高。

其他的属性定义与框架梁类似。

2)基础梁的绘制

①定义完毕后,切换到绘图界面,绘制 JZL2(3B)。绘制方法可采用"直线"绘制,比较简单。

②进行原位标注,竖向的梁在绘图区输入不方便,可按照结施图中梁的原位标注,在平法表格中输入如图 7.11 所示的内容。

	跨号	下通长筋	下部钢筋			上部钢筋	
			左支座钢筋	跨中钢筋	右支座钢筋	上通长筋	上部钢筋
1	0	6Φ28				6Φ28	
2	1		8Φ28 2/6		8Φ28 2/6		
3	2						
4	3		8Φ28 2/6		8Φ28 2/6		8Φ28 6/2
5	4						

图 7.11　梁的原位标注

输入完毕后,基础梁绘制完成。

四、任务结果

在报表中的《楼层构件统计校对表》可查看基础梁的钢筋量,部分信息如表7.3所示。

表 7.3　基础梁钢筋总重

汇总信息	钢筋总重(kg)	构件名称	构件数量	HPB300	HRB400
楼层名称:基础层(绘图输入)				422.626	37975.018
基础梁	38397.645	JZL1(9B)〔2778〕	1	79.995	7271.633
		JZL1(9B)〔2779〕	1	80.477	7272.484
		JZL3(4B)〔2781〕	2	72.285	6594.588
		JZL2(3B)-500×1200〔2785〕	4	102.163	9154.969
		JZL4(3)〔2791〕	1	33.251	2678.422
		JCL1(1)〔2792〕	1	11.084	924
		JZL2(3B)-500×1200〔2802〕	1	21.204	2038.764
		JZL2(3B)-500×1200〔2803〕	1	22.167	2040.158
		合计		422.626	37975.018

同学间可通过钢筋对量软件对比钢筋量,并查找差异原因。

知识拓展

(1)筏板的编辑

本工程的筏板比较简单,而对于较复杂的筏板,软件还提供了以下几种编辑方式。

①设置筏板边坡:对于工程中筏板有边坡的情况,可以使用该功能进行设置。

②设置筏板变截面:当工程中存在多块筏板,且筏板的标高不同,相交位置存在变截面时,可使用"设置筏板变截面"的功能进行设置。

③对于板和筏板的钢筋布置:

a.软件提供了单板、多板和自定义3种确定布筋范围的方法。

b.软件提供了水平钢筋布置、垂直钢筋布置、XY方向布置和其他方式这4种画法,对于弧形的筏板,还提供了"放射筋"的布置。

c.板负筋可以按支座或者板边线布置,也可以画线选择位置布置。

d.针对负筋左右标注颠倒的情况,可以使用"交换负筋左右标注"功能将左右标注互换。

(2)调整集水坑放坡

在两个集水坑相交的位置,如果一侧集水坑的"放坡底宽"与其他位置不同,则需要针对这条边的放坡进行调整。

可使用"调整集水坑放坡"功能调整放坡:单击绘图工具栏"调整集水坑放坡",然后选择要调整的集水坑,在框中输入出边距离和角度,单击"确定"按钮,即可完成集水坑放坡调整,如图7.12所示。

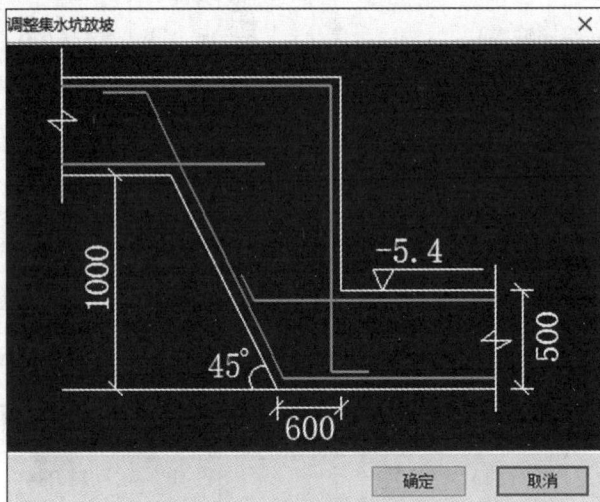

图7.12 调整集水坑放坡

(3)基础梁与框架梁区别

基础梁与框架梁的区别与联系如下:

①在支座处,框架梁是支座上部受力,基础梁是下部受力。因此,框架梁的支座钢筋是上部钢筋,基础梁的支座钢筋是下部钢筋。

②框架梁上部纵筋与基础梁上部纵筋的输入格式一致,可以输入"4C25+(2C12)",括号内的钢筋表示架立筋。

③通常框架梁上部筋能通则通,基础梁下部筋能通则通。

④从受力来说,框架梁以柱为支座,柱以基础梁为支座,不过基础梁的跨数也与相交的柱个数有关。

⑤框架梁与基础梁的编辑方法一致,两次编辑命令一致,具体的使用方法可以参照梁部分的内容以及软件内置的"文字帮助"。

第 8 章　其他钢筋工程量的计算

8.1　楼梯梯板钢筋量的定义和绘制

一、任务说明

在单构件输入中完成所有层楼梯梯板的钢筋量计算。

二、任务分析

以首层一号楼梯为例,参考结施-15 及建施-13 图,读取梯板的相关信息,如梯板厚度、钢筋信息及楼梯具体位置。

三、任务实施

①如图 8.1 所示,在左侧的导航栏中切换到"单构件输入",单击"构件管理",在"单构件输入构件管理"界面选择"楼梯"构件类型,单击"添加构件",添加"一号楼梯",再单击"确定"按钮。

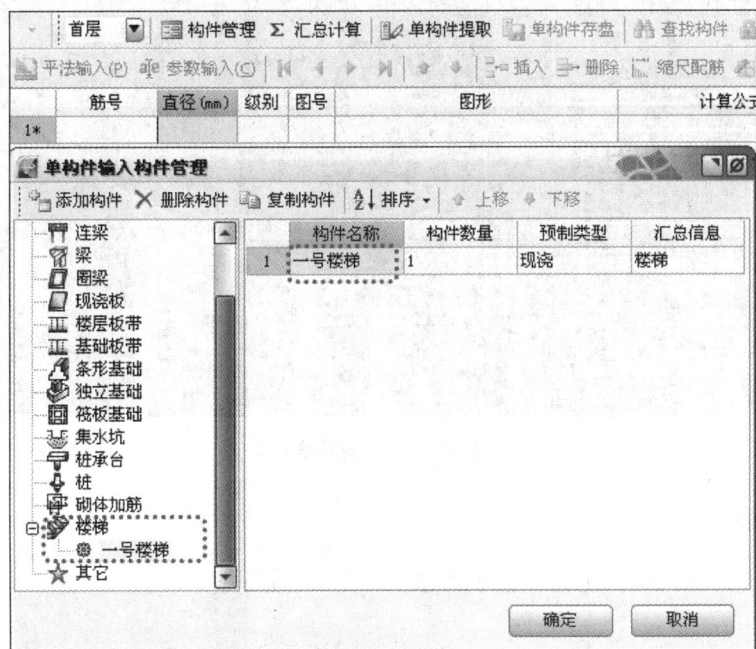

图 8.1　添加构件

②新建构件后,选择工具条上的"参数输入",进入"参数输入法"界面,单击"选择图集",

选择相应的楼梯类型(见图 8.2),这里以 AT 型楼梯为例。

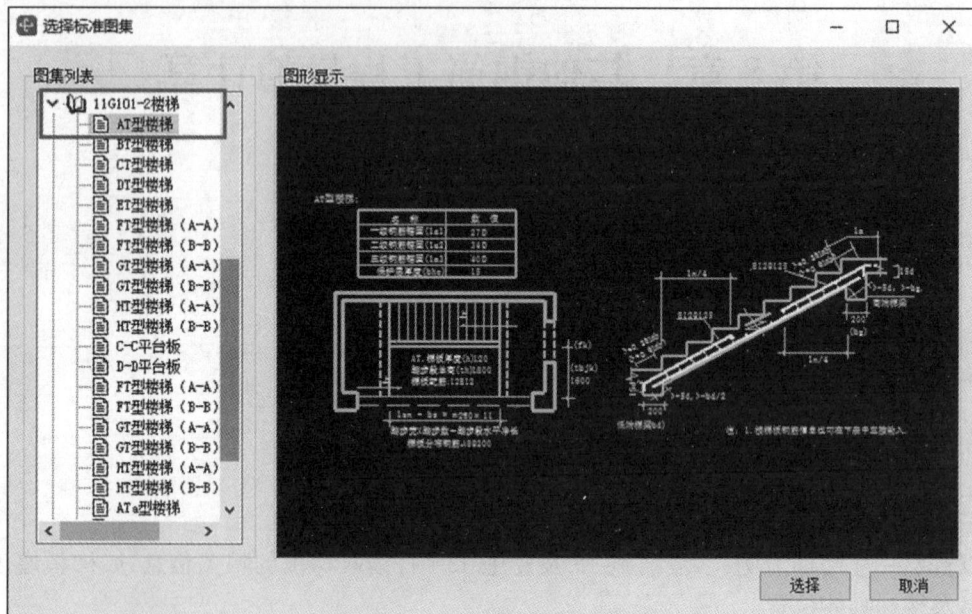

图 8.2　选择图集

在楼梯的参数图中,以首层一号楼梯为例,参考结施-15 及建施-13 图,按照图纸标注输入各个位置的钢筋信息和截面信息,如图 8.3 所示。输入完毕后,选择"计算退出"。

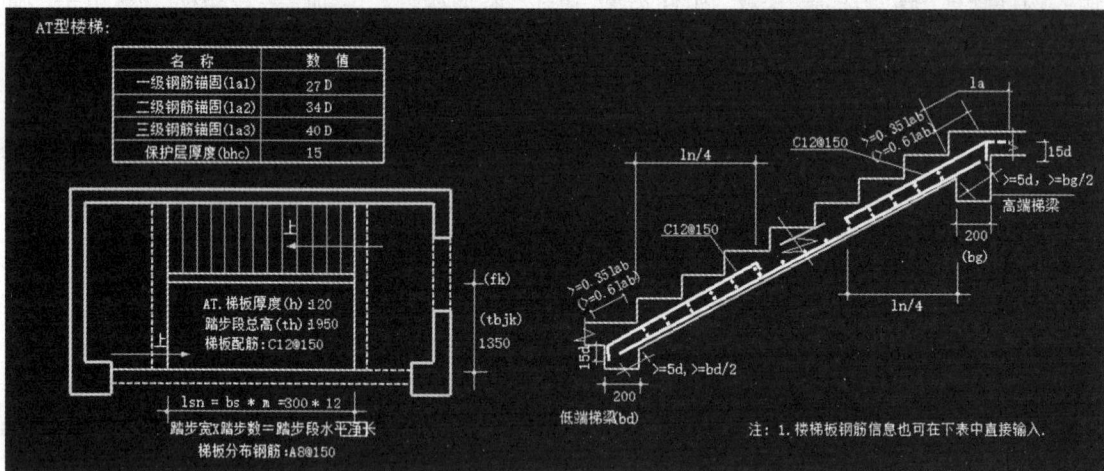

图 8.3　楼梯钢筋信息

四、任务结果

查看报表预览中的构件汇总信息明细表,如表 8.1 所示。

表 8.1　所有楼梯构件钢筋汇总表

汇总信息	钢筋总重(kg)	构件名称	构件数量	HPB300	HRB400
楼层名称:第-1 层(单构件输入)				43.75	121.709
楼　梯	165.459	楼梯|AT1	2	43.75	121.709
		合计		43.75	121.709
楼层名称:首层(单构件输入)				98.718	262.031
楼　梯	360.749	楼梯|AT2	2	49.359	131.016
		楼梯|AT1	2	49.359	131.016
		合计		98.718	262.031
楼层名称:第 2 层(单构件输入)				98.718	262.031
楼　梯	360.749	楼梯|AT2	2	49.359	131.016
		楼梯|AT1	2	49.359	131.016
		合计		98.718	262.031
楼层名称:第 3 层(单构件输入)				98.718	262.031
楼　梯	360.749	楼梯|AT2	2	49.359	131.016
		楼梯|AT1	2	49.359	131.016
		合计		98.718	262.031
楼层名称:第 4 层(单构件输入)				49.359	131.016
楼　梯	180.375	楼梯|AT2	2	49.359	131.016
		合计		49.359	131.016

同学间可通过钢筋对量软件对比钢筋量,并查找差异原因。

8.2　直接输入法计算钢筋量

一、任务说明

以阳角放射筋为例,介绍直接输入法(本工程无阳角放射筋,此处仅作示例)。

二、任务分析

单构件中的直接输入法与参数输入法和新建构件的操作方法一致。

三、任务实施

①新建其他构件,修改名称为"阳角放射筋",输入构件的数量,单击"确定"按钮,如图8.4所示。

②在直接输入的界面,"筋号"中输入"放射筋 1",在"直径"中选择相应的直径(例如16),选择"钢筋级别"。

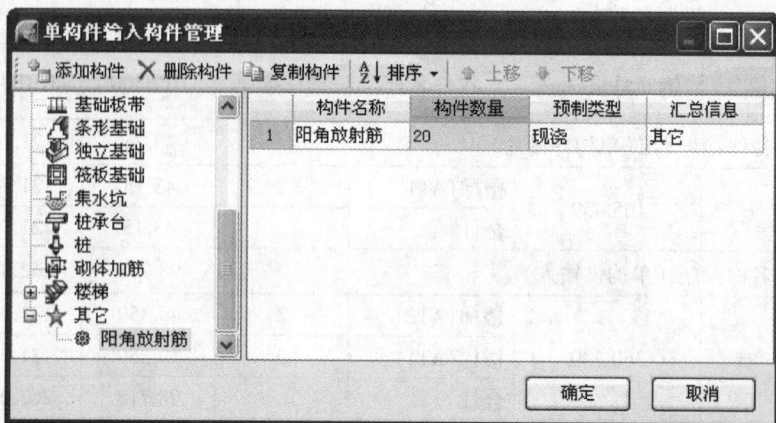

图 8.4　单构件输入

③如图 8.5 所示,选择图号,根据放射筋的形式选择相应的钢筋形式,如选择"两个弯折",弯钩选择"90 度弯折,不带弯钩",选择图号完毕后单击"确定"按钮。

图 8.5　选择钢筋图形

④在直接输入的界面输入"图形"中的钢筋尺寸,如图 8.6 所示。软件会自动给出计算公式和长度,用户可以在"根数"中输入这种钢筋的根数。

	筋号	直径(mm)	级别	图号	图形	计算公式	公式描述	长度(mm)	根数
1	放射筋1	16	Φ	63	90 ⌐ 1000 ⌐	1000+2*90		1180	5
2									

图 8.6　放射筋

采用同样的方法,可以进行其他形状的钢筋的输入,并计算钢筋量。

第 9 章　汇总计算和查看钢筋量

9.1　查看三维

一、任务说明

①完成整体构件的绘制并使用三维查看构件。

②检查漏缺的构件。

二、任务分析

三维查看可在工具栏中选择楼层,若要检查整个楼层的构件,选择全部楼层即可。

三、任务实施

对照图纸完成所有构件钢筋的输入之后,可查看整个建筑结构的三维视图。

在"视图"菜单下选择"三维楼层显示设置",选择所有楼层,在"楼层构件图元显示设置"中设置显示所有图元,可使用"动态观察器"旋转角度。

四、任务结果

查看整个结构如图 9.1 和图 9.2 所示。

图 9.1　整楼三维图 1

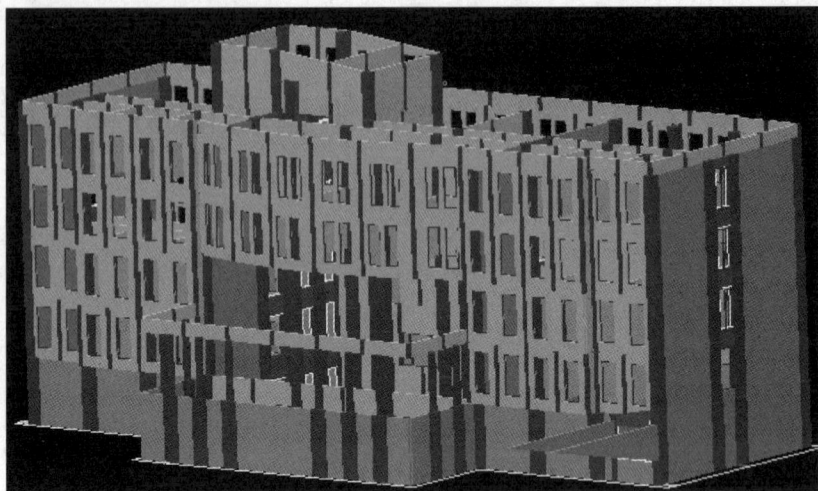

图 9.2　整楼三维图 2

9.2　汇总计算

一、任务说明

本节的任务是汇总钢筋量。

二、任务分析

前面提到过，钢筋计算结果查看的原则是：对于水平的构件（例如梁），在某一层绘制完毕后，只要支座和钢筋信息输入完成，就可以汇总计算，查看计算结果。但是对于竖向构件（例如柱），由于和上下层的柱存在搭接关系，和上下层的梁和板也存在节点之间的关系，所以需要在上下层相关联的构件都绘制完毕后，才能按照构件关系准确计算。

三、任务实施

①用户需要计算钢筋量时，单击"钢筋量"菜单下的"汇总计算"，或者在工具条中单击"汇总计算"命令按钮，将弹出如图 9.3 所示的"汇总计算"对话框。

在"楼层列表"中会显示当前工程的所有楼层，默认勾选当前所在的楼层，用户可以根据需要选择所要汇总计算的楼层。

全选：可以选中当前工程中的所有楼层。

清空：全部不选。

当前层：只汇总当前所在的层。

绘图输入：在绘图输入前打钩，表示只汇总绘图输入方式下构件的钢筋量。

单构件输入：在单构件输入前打钩，表示只汇总单构件输入方式下构件的工程量。

若绘图输入和单构件输入前都打钩，则工程中所有的构件都将进行汇总计算。

②用户选择需要汇总计算的楼层，单击"计算"，软件开始计算并汇总选中楼层构件的钢

筋量,计算完毕,弹出如图 9.4 所示的对话框。根据所选范围的大小和构件数量的多少,需要不同的计算时间。

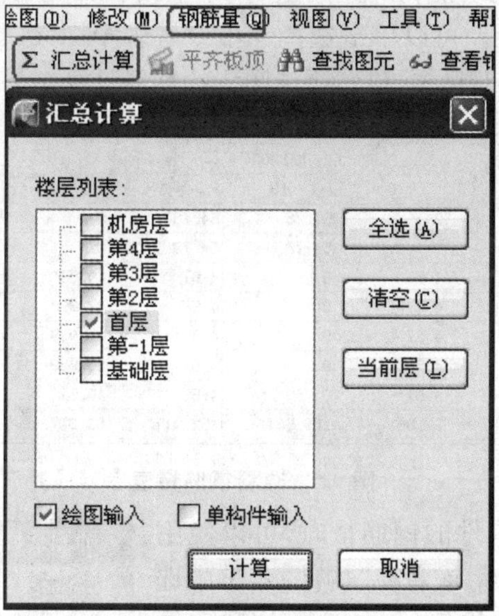

图 9.3　汇总计算

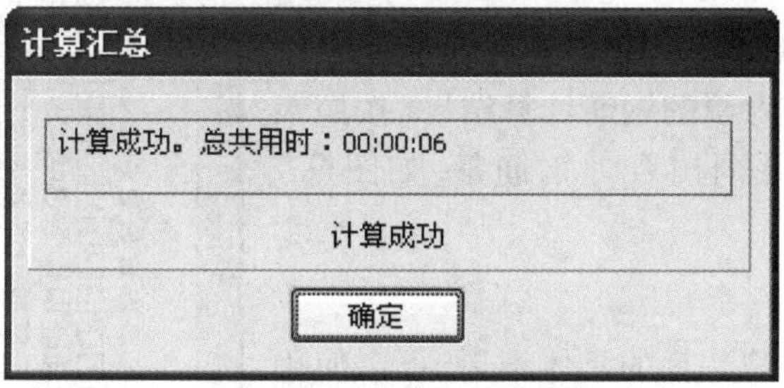

图 9.4　计算汇总对话框

9.3　查看构件钢筋计算结果

一、任务说明

本节任务是查看所有构件钢筋量。

二、任务分析

对于同类钢筋量的查看,可使用"查看钢筋量"功能,查看单个构件图元钢筋的计算公式,也可使用"编辑钢筋"的功能,在报表预览中可查看所有楼层钢筋量。

三、任务实施

计算完毕后,用户可以采用以下几种方式查看计算结果和汇总结果。

1)查看钢筋量

①使用"查看钢筋量"的功能,在"钢筋量"菜单下或者工具条中选择"查看钢筋量",然后选择需要查看钢筋量的图元。可以单击选择一个或者多个图元,也可以拉框选择多个图元,此时将弹出如图9.5所示的对话框,显示所选图元的钢筋计算结果。

钢筋总重量(kg):445.135

序号	构件名称	钢筋总重量(kg)	HPB300			HRB400		
			8	10	合计	16	25	合计
1	KZ2[67]	167.724	0	54.78	54.78	0	112.944	112.944
2	KZ2[123]	167.724	0	54.78	54.78	0	112.944	112.944
3	TZ1[2909]	23.1	4.57	0	4.57	18.53	0	18.53
4	TZ1[2911]	22.468	4.57	0	4.57	17.898	0	17.898
5	TZ1[3003]	20.509	4.57	0	4.57	15.939	0	15.939
6	TZ1[3004]	20.509	4.57	0	4.57	15.939	0	15.939
7	TZ2[2907]	23.1	4.57	0	4.57	18.53	0	18.53
8	合计	445.135	22.851	109.561	132.411	86.837	225.887	312.724

图9.5 查看钢筋量表

②需要查看不同类型构件的钢筋量时,可以使用"批量选择"功能。按"F3"键,或者在"构件"菜单中选择"批量选择",选择相应的构件(例如选择柱和砌体墙),如图9.6所示。

然后选择"查看钢筋量",弹出"查看钢筋量表"。表中将列出所有柱和剪力墙的钢筋计算结果(按照级别和钢筋直径列出),并列出合计钢筋量,如图9.7所示。

2)编辑钢筋

要查看单个图元钢筋计算的具体结果,可以使用"编辑钢筋"功能。下面以首层⑤轴与①轴交点处的柱 KZ7 为例,介绍"编辑钢筋"查看计算结果。

①在"查看钢筋量"菜单中选择"编辑钢筋",或者在工具条中单击"编辑钢筋"按钮,然后选择 KZ7 图元。绘图区下方将显示"编辑钢筋"列表,如图9.8所示。

②"编辑钢筋"列表从上到下依次列出 KZ7 的各类钢筋的计算结果,包括钢筋信息(直径、级别、根数等),以及每根钢筋的图形和计算公式,并且对计算公式进行了描述,用户可以清楚地看到计算过程。例如,第一行列出的是 KZ7 的 B 边纵筋,从中可以看到 B 边纵筋的所有信息。

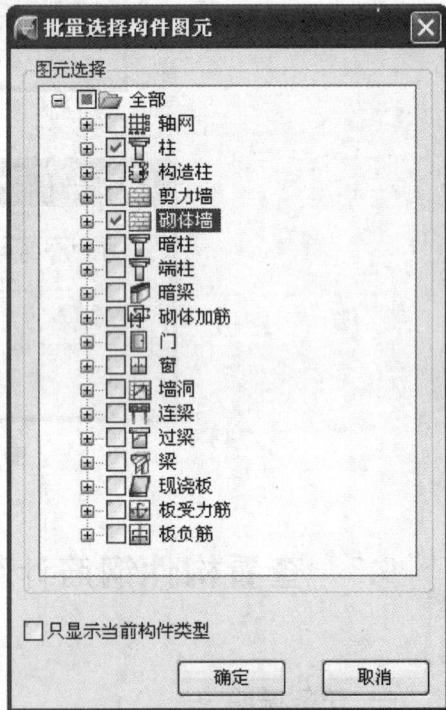

图9.6 批量选择构件图元

筋号:钢筋的名称,可清楚指明是哪部分的钢筋。

直径、级别:按构件属性中输入的钢筋信息。

图号和图形:软件对每一种图形的钢筋进行编号,并给出钢筋形状的图形,一目了然。

计算公式和公式描述:清晰列出每根钢筋的计算过程,使用户清楚每个数据的来源,查量更轻松方便,并且有助于用户学习钢筋的计算。

钢筋总重量（kg）：4206.674

	构件名称	钢筋总重量（kg）	HPB300			HRB400			
			8	10	合计	12	16	25	合计
1	KZ2[67]	167.724	0	54.78	54.78	0	0	112.944	112.944
2	KZ2[123]	167.724	0	54.78	54.78	0	0	112.944	112.944
3	TZ1[2909]	23.1	4.57	0	4.57	0	18.53	0	18.53
4	TZ1[2911]	22.468	4.57	0	4.57	0	17.898	0	17.898
5	TZ1[3003]	20.509	4.57	0	4.57	0	15.939	0	15.939
6	TZ1[3004]	20.509	4.57	0	4.57	0	15.939	0	15.939
7	TZ2[2907]	23.1	4.57	0	4.57	0	18.53	0	18.53
8	Q1(2排)[69	482.28	16.748	0	16.748	465.532	0	0	465.532
9	Q1(2排)[71	564.685	19.908	0	19.908	544.777	0	0	544.777
10	Q1(2排)[73	537.619	19.908	0	19.908	517.711	0	0	517.711
11	Q1(2排)[75	499.471	18.012	0	18.012	481.459	0	0	481.459
12	Q1(2排)[77	504.35	18.012	0	18.012	486.338	0	0	486.338
13	Q1(2排)[79	543.214	19.908	0	19.908	523.306	0	0	523.306
14	Q1(2排)[81	488.869	16.748	0	16.748	472.121	0	0	472.121
15	Q1(2排)[83	84.582	0	0	0	84.582	0	0	84.582
16	Q1(2排)[86	38.708	0	0	0	38.708	0	0	38.708
17	Q1(2排)[99	17.76	0	0	0	17.76	0	0	17.76
18	合计	4206.674	152.095	109.561	261.655	3632.295	86.837	225.887	3945.019

图9.7　查看钢筋量表

	筋号	直径(mm)	级别	图号	图形	计算公式	公式描述	长度(mm)	根数	搭接	损耗(%	单重(kg)	总重(kg)
1	B边纵筋.1	20	由		3417	3900-1783+max(3250/6,600,5 00)+1*max(35*d,500)	层高-本层的露出长度+上层 露出长度+错开距离	3417	4	1	0	8.44	33.76
2	B边纵筋.2	20	由		3417	3900-1083+max(3250/6,600,5 00))	层高-本层的露出长度+上层 露出长度	3417	4	1	0	8.44	33.76
3	H边纵筋.1	20	由		3417	3900-1783+max(3250/6,600,5 00)+1*max(35*d,500)	层高-本层的露出长度+上层 露出长度+错开距离	3417	4	1	0	8.44	33.76
4	H边纵筋.2	20	由		3417	3900-1083+max(3250/6,600,5 00))	层高-本层的露出长度+上层 露出长度	3417	4	1	0	8.44	33.76
5	角筋.1	22	由		3417	3900-1853+max(3250/6,600,5 00)+1*max(35*d,500)	层高-本层的露出长度+上层 露出长度+错开距离	3417	2	1	0	10.183	20.365
6	角筋.2	22	由		3417	3900-1083+max(3250/6,600,5 00))	层高-本层的露出长度+上层 露出长度	3417	2	1	0	10.183	20.365
7	箍筋.1	10	中	195	550 550	2*((600-2*25)+(600-2*25))+ 2*(11.9*d)		2438	33	0	0	1.504	49.64
8	箍筋.2	10	中	195	550 144	2*((600-2*25-2*d-22)/5*1+ 22+2*25)+(600-2*25))+2*(11. 9*d)		1625	66	0	0	1.003	66.173

图9.8　编辑钢筋

长度：每根钢筋长度计算的结果。

根数：该长度的钢筋在这个图元里面总共的数量。

搭接：对每根钢筋的搭接长度或者接头个数进行统计，包括层间的连接和超出定尺长度后的钢筋连接。该项与"工程设置"中"搭接设置"设置的连接形式和定尺长度有关。KZ7的纵筋搭接接头是本层钢筋与下层露出钢筋连接的接头。

损耗：按照所选取的损耗模板进行损耗的计算，本工程选择的是不计算损耗，所以为0。

单重和总重：一根钢筋的质量为单重；单重×根数得到的就是总重。

钢筋归类：软件自动归类为直筋、箍筋或者措施筋。

搭接形式：按照"工程设置"中的"搭接设置"对该直径钢筋的搭接进行设置。

钢筋类型：本工程使用均为普通钢筋。

使用"编辑钢筋"的功能，可以清楚显示构件中每根钢筋的形状、长度、计算过程以及其他的信息，使用户明确掌握计算的过程。另外，还可以对"编辑钢筋"的列表进行编辑和输入，列表中的每个单元格都可以手动修改，用户可以根据自己的需要进行编辑。

用户还可以在空白行进行钢筋的添加：输入"筋号"为"其他"，选择钢筋直径和型号，选择图号来确定钢筋的形状，然后在图形中输入长度、输入需要的根数和其他的信息。软件计算的钢筋结果显示为淡绿色底色，用户手动输入的行显示为白色底色，便于区分。这样，用户不仅能够清楚看到钢筋计算的结果，还可以对结果进行修改，满足不同的需求，如图9.9所示。

箍筋.1	10	Φ	195	550	550	2*((600-2*25)+(600-2*25))+2*(11.9*d)		2438	33
箍筋.2	10	Φ	195	550	144	2*(((600-2*25-2*d-22)/5*1+22*2*d)+(600-2*25))+2*(11.9*d)		1625	66
其他	20	Φ	1	2600		2600		2600	6

图9.9 钢筋结果

注意

用户修改后的结果需要进行锁定，使用"构件"菜单中"锁定"和"解锁"功能，可以对构件进行锁定和解锁。如果修改后不进行锁定，那么重新汇总计算时，软件会按照属性中的钢筋信息重新计算，手动输入的部分会被覆盖。

其他种类构件的计算结果显示与此类似，都是按照同样的项目进行排列，列出每种钢筋的计算结果。

3)钢筋三维

在汇总计算完成后，还可利用"钢筋三维"功能来查看构件的钢筋三维排布。钢筋三维可显示构件钢筋的计算结果，按照钢筋实际的长度和形状在构件中排列和显示，并标注各段的计算长度，供用户直观查看计算结果和钢筋对量。钢筋三维能够直观真实地反映当前所选择图元的内部钢筋骨架，清楚显示钢筋骨架中每根钢筋与编辑钢筋中的每根钢筋的对应关系，且钢筋三维中数值可修改。钢筋三维和钢筋计算结果还保持对应，相互保持联动，数值修改后，用户可以实时看到自己修改后的钢筋三维效果。

当前最新的钢筋软件中已实现钢筋三维显示的构件包括柱、暗柱、端柱、剪力墙、梁、板受力筋、板负筋、螺旋板、柱帽、楼层板带、集水坑、柱墩、筏板主筋、筏板负筋、独基、条基、桩承台、基础板带共18种21类构件。

①当前所选中的图元显示钢筋的骨架三维，而选中图元本身仅显示外轮廓线。

②钢筋三维和编辑钢筋对应显示。

a.选中三维的某根钢筋线时，在该钢筋线上显示各段的尺寸，同时在"编辑钢筋"的表格中对应的行亮显。如果数字为白色字体，则表示此数字可供修改；否则，将不能修改。

b.在编辑钢筋的表格中选中某行时，则钢筋三维中所对应的钢筋线对应亮显。如图9.10所示为梁的钢筋三维，图中选中某根钢筋，编辑钢筋表格中对应的数据行亮显。

③可以同时查看多个图元的钢筋三维。选择多个图元，然后选择"钢筋三维"命令，即可同时显示多个图元的钢筋三维。

④在查看"钢筋三维"时，属性编辑器只能查看图元的属性，不能进行属性修改。

⑤在执行"钢筋三维"命令时，软件会根据不同类型的图元，显示一个浮动的"钢筋显示控制面板"，用于设置当前类型的图元中隐藏、显示哪些钢筋类型。勾选不同的项时，绘图区会及时更新显示，其中的"显示其他图元"可以设置是否显示本层其他类型构件的图元。

图 9.10　梁的钢筋三维

如图 9.11 所示为集水坑的钢筋三维显示,左上角的白框即为"钢筋显示控制面板"。

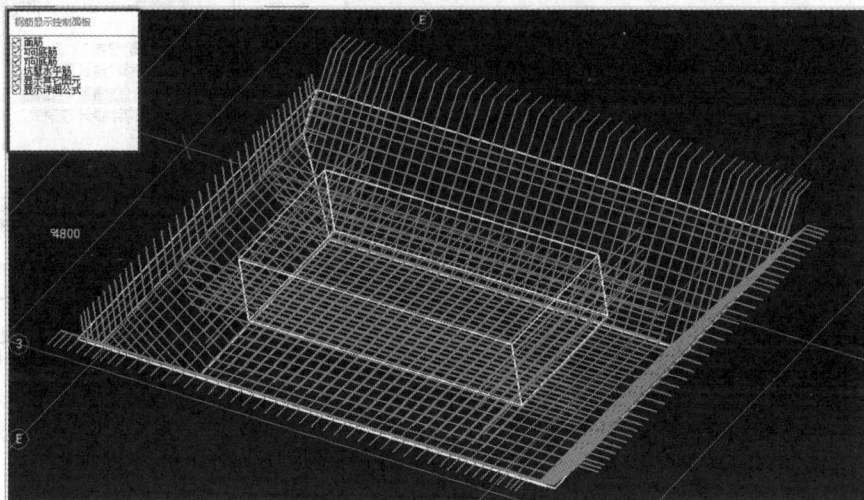

图 9.11　集水坑的钢筋三维

4)查看报表

汇总计算整个工程楼层的计算结果之后,最终需要查看构件钢筋的汇总量时,可通过"报表预览"部分来实现。

①单击导航栏中的"报表预览",切换到报表界面,显示"设置报表范围"对话框,如图 9.12 所示。

设置楼层、构件范围:选择要查看、打印哪些层的哪些构件,把要输出的打钩即可。

设置钢筋类型:选择要输出直筋、箍筋,还是将直筋和箍筋一起输出,把要输出的打钩即可。

设置直径分类条件:根据定额子目设置来设定,比如定额设置了Φ10 以内、Φ20 以内和Φ20以外的子目,这里就选择直径小于等于 10 和直径大于 20。选择方法是在直径类型前打钩并选择直径大小。

同一构件内合并相同钢筋:同一构件内如果有形状长度相同的钢筋,而用户在输出时不希望同样的钢筋出现多次,可在此处打钩。

②绘图输入后,还有单构件输入的页签,界面与此一致,使用方法也一致,用来设置需要打印预览的单构件部分的构件。

③对这两部分设置完毕后,单击"确定"按钮,报表将按照刚才所做的设置显示输出打印。

在报表预览部分,软件提供了以下多种报表样式供用户查看和打印(见图9.13),具体的介绍请参照软件内置的"文字帮助"。

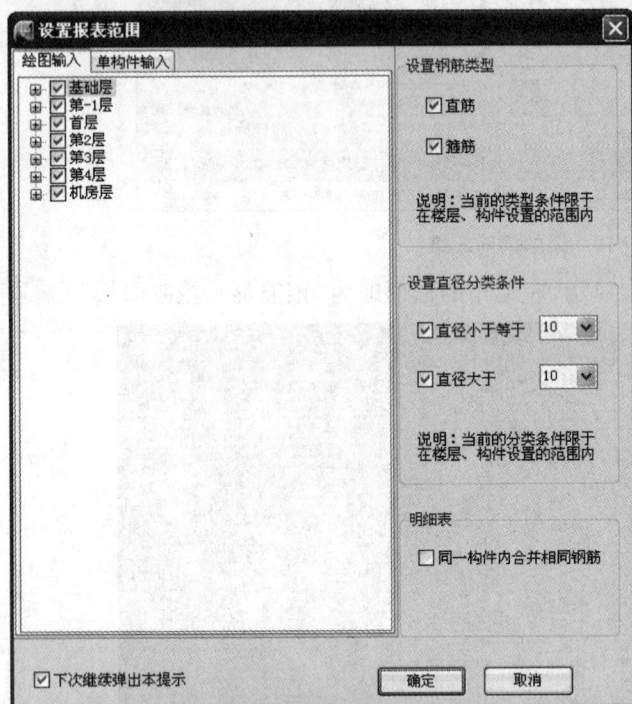

图9.12 设置报表范围

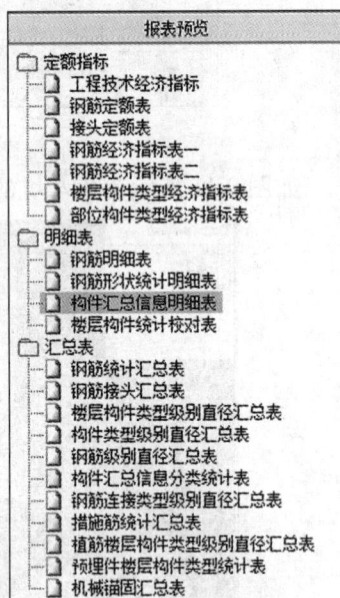

图9.13 报表示意图

四、任务结果

所有层构件的钢筋量如表9.1所示。

表 9.1　构件类型级别直径汇总表（包含措施筋）

构件类型	钢筋总重(kg)	HPB300			HRB400									
		6	8	10	8	10	12	14	16	18	20	22	25	28
柱	39219.25		648.085	11897.93					369.404		19143.5	6336.979	823.361	
暗柱/端柱	39506.56		4634.793	14309.99				1984.06	6504.11		12073.61			
构造柱	8287.973	1114.307					7173.665							
墙	41 529.18	201.285	982.227	6442.776			23113.81	10789.08						
砌体墙	4083.146	4083.146												
暗梁	4214.028		1008.775							770.584	2434.669			
连梁	3005.582		137.081	772.208						768.032	533.718	621.294	173.25	
过梁	88.525	19.032		16.267		3.147	50.08							
梁	48616.52	123.94	9 317.727	16.511				1855.228	234.94	5609.424	15062.36	13467.92	2928.46	
圈梁	4177.459	930.818		1756.45			1490.192							
现浇板	69180.17	21.964	2194.35	5542.484	7486.827	15929.74	34709.96	3294.848						
基础梁	38397.65		422.626				15406.27		1754.552					20814.2
筏板基础	82962.38												82962.38	
集水坑	5915.848												5915.848	
后浇带	284.728						284.728							
栏板	24.939					24.939								
楼梯	1428.083		389.265				1038.818							
合计	390922	6494.492	19734.93	40754.61	7486.827	15957.83	83267.53	17923.22	8863.005	7148.04	49247.86	20426.2	92803.3	20814.2

第3篇 "CAD识别" 做工程

本篇内容简介

CAD识别概述

CAD识别实际案例工程

本篇教学目标

通过本篇的学习，你将能够：

（1）了解CAD识别的基本原理。

（2）了解CAD识别的构件范围。

（3）了解构件CAD识别基本流程。

第 10 章　CAD 识别概述

10.1　CAD 识别的原理

CAD 识别是软件依据建筑工程制图规则,快速从 AutoCAD 的结果中拾取构件、图元,快速完成工程建模的方法。同使用手工画图的方法一样,需要先识别构件,然后再根据图纸上构件边线与标注的关系,建立构件与图元的联系。

CAD 识别的效率取决于图纸的标准化程度:各类构件是否严格按照图层进行区分,各类尺寸或配筋信息是否按图层进行区分,标准方式是否按照制图标准进行。

GGJ2013 软件中提供了 CAD 识别的功能,可以识别设计院图纸文件(.dwg),有利于快速完成工程建模的工作,提高工作效率。

CAD 识别的文件类型主要包括:

①CAD 图纸文件(.dwg)。支持 AutoCAD 2011/2010/2013/2008/2007/2006/2005/2004/2000 及 AutoCAD R14 版生成的图形格式文件。

②GGJ2013 软件图纸分解(.GVD)。在 CAD 制图中,通常会将多张图纸放在一个 CAD 文件中,而在软件识别过程中,需要分层分构件按每张图纸识别。软件提供了图纸分解功能,输入文件扩展名为 *.GVD。

③正确认识识别功能。CAD 识别,是绘图建模的补充;CAD 识别的效率,取决于图纸的标准化程度,取决于钢筋算量软件的熟练程度。

10.2　CAD 识别的构件范围及流程

1)GGJ2013 软件 CAD 能够识别的构件范围

①表格类:

a.楼层表;

b.柱表;

c.门窗表。

②构件类:

a.轴网;

b.柱、柱大样;

c.梁;

d.墙、门窗、墙洞;

e.板钢筋(受力筋、跨板受力筋、负筋);

f.独立基础；

g.承台；

h.桩。

ⓘ 注意

钢筋级别符号在 CAD 中通常采用%%符号转化而来,软件识别钢筋也需要转化为 A,B,C 等软件确定的符号。

2)CAD 识别做工程的流程

CAD 识别做工程,主要通过"导入图纸→转换符号→提取标志→提取构件→识别构件"的方式,将 CAD 图纸中的线条及文字标注转化成广联达图形算量或钢筋抽样软件中的基本构件图元(如轴网、梁、柱等),从而快速地完成构件的建模操作,提高整体绘图效率。

CAD 识别的大体方法为:

①首先需要新建工程,按照图纸建立楼层,并进行相应的设置。

②与手动绘制相同,需要先识别轴网,再识别其他构件。

③识别构件,按照绘图类似的顺序,先识别竖向构件,再识别水平构件。

在进行实际工程的 CAD 识别时,软件的基本操作流程如图 10.1 所示。

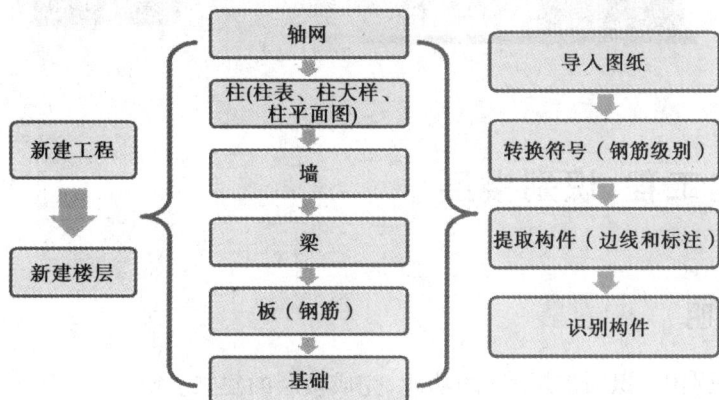

图 10.1　CAD 识别操作流程图

转换符号是钢筋软件特有的、针对钢筋级别的转换,图纸中设计人员用各种字体来表示,而软件中输入用 A,B,C 等英文字母表示,需要进行转化。

构件的识别流程是:导入 CAD 图纸→转换符号→提取构件→识别构件。

顺序是:楼层→表格构件(门窗表、连梁表、柱表)→轴网→柱→墙→梁→板钢筋→基础。

识别过程与绘制构件类似,先首层再其他层,识别完一层的构件后,通过同样的方法识别其他楼层的构件,或是复制构件到其他楼层,最后"汇总计算"。

通过以上流程,即可完成 CAD 识别做工程的过程。

第 11 章　CAD 识别实际案例工程

本章主要讲解通过 CAD 识别,完成案例工程中构件的定义、绘制及钢筋信息录入操作。实际工程构件识别流程如下:

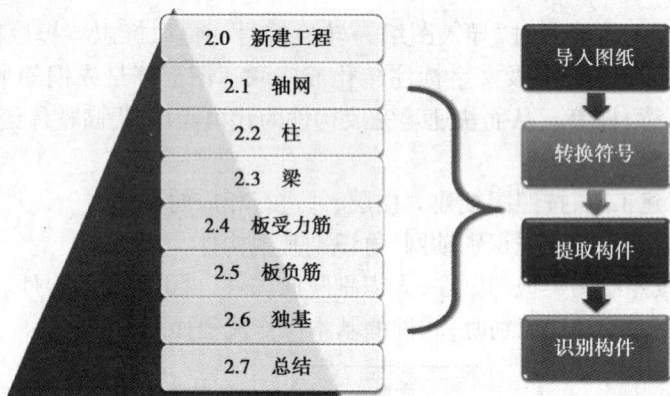

```
2.0  新建工程          导入图纸
2.1  轴网                ↓
2.2  柱              转换符号
2.3  梁                  ↓
2.4  板受力筋        提取构件
2.5  板负筋             ↓
2.6  独基            识别构件
2.7  总结
```

11.1　建工程、识别楼层

一、任务说明

使用 CAD 识别中"识别楼层表"的功能,完成楼层的建立。

二、任务分析

需提前确定好楼层表所在的图纸,即"墙柱平法施工图"。

三、任务实施

①建立工程完毕之后,进入 CAD 识别界面,选择"CAD 草图",单击"插入 CAD 图"功能,在弹出的对话框中选择有楼层表的图纸,如图 11.1 所示。

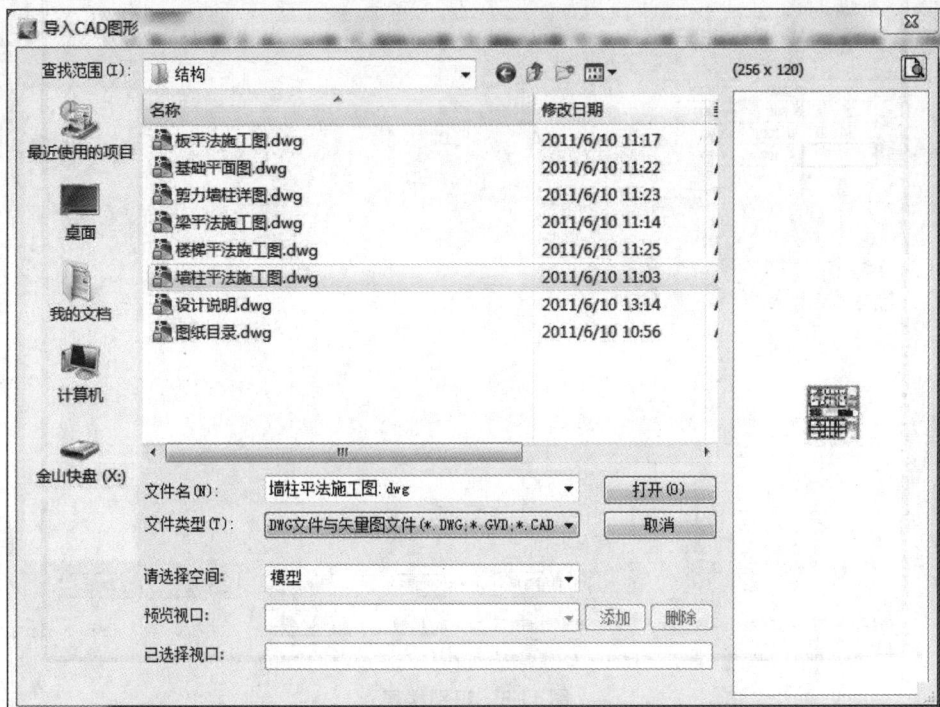

图 11.1　选择 CAD 图纸

②在导图 CAD 对话框中,软件支持显示 CAD 预览,支持导图"模型"或"布局"空间的图纸。单击"打开",设置正确的比例。单击"确定"按钮,将图纸导入软件中。如果导入图纸后需要调整比例,可通过"设置比例"功能来进行重新设置,如图 11.2 所示。

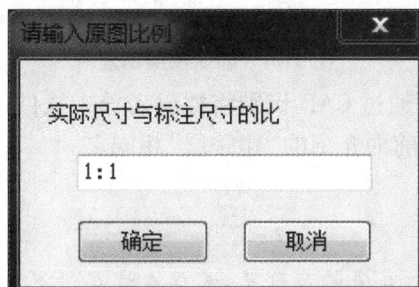

图 11.2　输入原图比例

③单击"识别楼层表"功能,然后用鼠标框选中图纸中的楼层表,单击右键确定,弹出"识别楼层表"对话框,如图 11.3 所示。

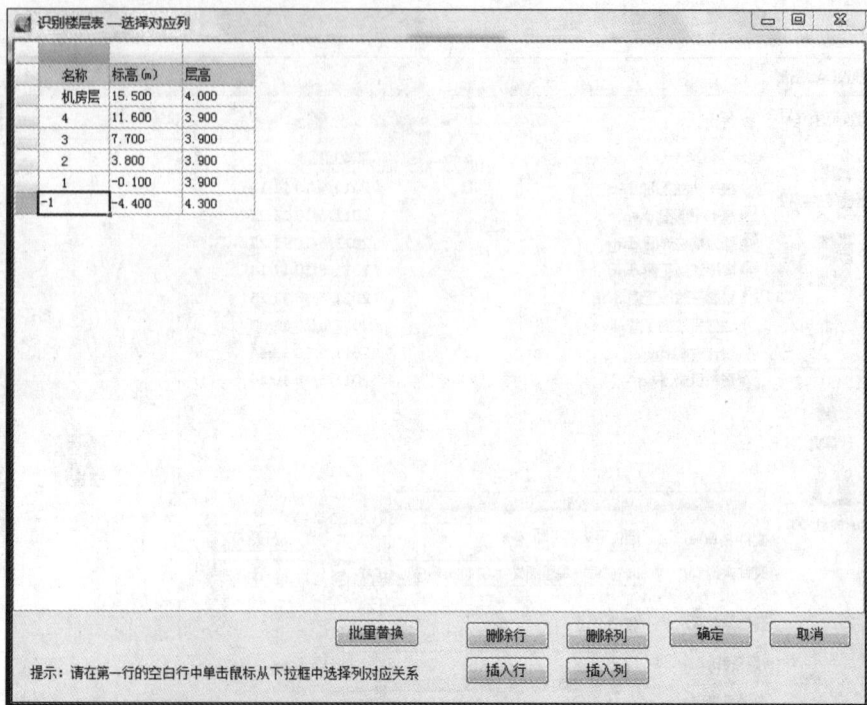

图 11.3　识别楼层

④确定楼层信息无误后,单击"确定"按钮,弹出确认对话框,如图 11.4 所示。

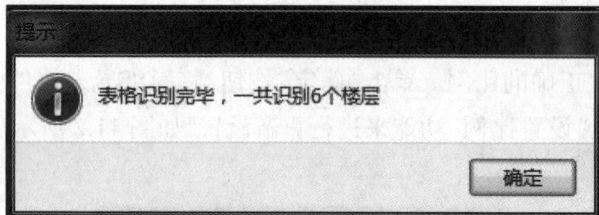

图 11.4　确认楼层信息

⑤继续单击"确定"按钮,通过 CAD 识别将楼层表导入软件中。

楼层设置的其他操作,与前面介绍的"建楼层"相同。

注意

利用"识别楼层表"导入楼层表的原则是:需要在楼层设置中仅存在"首层"和"基础层"、未手动设置其他楼层时进行;否则,无法进行"识别楼层表"操作。

四、任务结果

导入楼层表后结果如表 11.1 所示。

表 11.1 导入楼层表

	编码	楼层名称	层高(m)	首层	底标高(m)	相同层数	板厚(mm)
	插入楼层	删除楼层	上移	下移			
1	5	机房层	4	□	15.5	1	120
2	4	4	3.9	□	11.6	1	120
3	3	3	3.9	□	7.7	1	120
4	2	2	3.9	□	3.8	1	120
5	1	1	3.9	☑	-0.1	1	120
6	-1	-1	4.3	□	-4.4	1	120
7	0	基础层	3	□	-7.4	1	500

11.2 CAD 识别选项

一、任务说明

在"CAD 识别选项"中完成柱、墙、门窗洞、梁和板钢筋的设置。

二、任务分析

在识别构件之前,首先进行"CAD 识别选项"的设置,如图 11.5 所示。选择"CAD 识别选项"后,会弹出如图 11.6 所示的对话框。

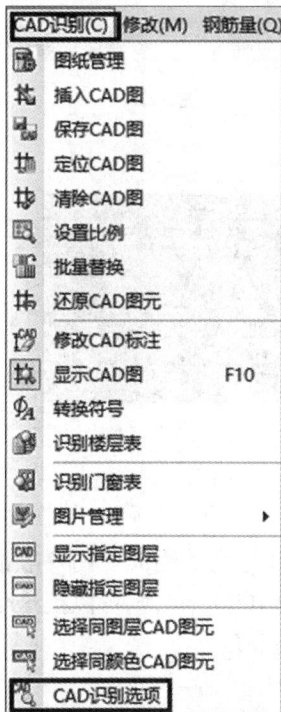

图 11.5 CAD 识别选项

图 11.6 CAD 识别选项对话框

在"CAD 识别选项"对话框中,可以设置识别过程中的各个构件属性,每一列属性所表示的含义都在对话框左下角进行描述。

"CAD 识别选项"设置的正确与否关系到后期识别构件的准确率,需要准确进行设置。

三、任务实施

1)墙设置

第 2 条　墙宽度误差范围:5 mm。该项表示设计的 CAD 图是 200 的墙,实际上 CAD 墙线间宽度在(200±5) mm 时,软件都能判断为 200 的墙。但如果此时用户的 CAD 墙线间距是 208,则不能识别到墙,需要把这个误差范围修改为 10 mm,然后重新识别才可以。

第 3 条　平行墙线宽度范围:100。该项表示由于 CAD 墙线都绘制到了柱边,这个时候识别过来,会形成非封闭区域,导致导入图形后布置不上房间,因此软件自动延伸100,就能把这个缺口堵上,导入图形就不会有问题了。

第 4,5 条　墙端头与门窗相交自动延伸误差范围(水平或垂直):墙端头在水平或垂直方向上与门窗相交时,在此误差范围内识别时将自动进行延伸。

图 11.7

2)门窗洞设置

第 2~5 条　代号的意思是指根据 CAD 图上的关键字标志来区分门、窗、洞类型。在识别了门窗表之后,各个门、窗属性都已经在构件列表定义好了,需要通过 CAD 识别下面的识别门窗洞来确定哪个门在哪个位置,这就只能靠 CAD 图上的 M(门)、C(窗)、MC、MLC(门联窗)来区分类型,实现构件与图元的关联。如图 11.7 所示,设计者用 J 表示木门,软件默认是不能识别的,需要在门里面的代号 M 加上"J,"(注意是英文状态下的逗号),如图 11.8 中框选的部分所示。

图 11.8　门窗表

第 6~8 条　离地高度,即门窗洞图元导过来后默认的离当前层底标高的距离。门一般都是默认离地 0 mm,窗默认为 900 mm。如果设计的工程是多数窗离地 1000 mm,则可以把这个默认值改为 1000 mm,这样就不用导过来之后一个一个地修改窗离地高度了。

3)梁设置

第 2 条　梁端距柱、墙、梁范围内延伸:200。同第 3 项,表示一般 CAD 梁线都绘制到了柱边,但是这个时候识别过来,可能导致梁与柱未接触,导致钢筋计算错误,而软件自动延伸200,就能把这个缺口补上,就能正确计算梁锚固了。

第 3 条　梁引线延伸长度:80。引线是用于关联梁图元和名称的,没有引线,软件就不知道这个梁的名称等相关属性。而这个 80 表示引线与梁边线距离,如果引线与梁边线距离大于 80,软件不能识别,则需要修改此值。

第 4 条　无截面标注的梁,最大截面宽度:300。图中没有标注出截面尺寸的梁,如果梁线宽度在 300 以内(可修改为其他数值),软件仍然可以识别,超过则不进行识别。

第 5 条　吊筋线每侧允许超出梁宽的比例:20%。在 CAD 图中,如果绘制的吊筋线超过梁宽,但不超过此设定值,则仍然可以识别成功。

第 7~16 条　根据梁名称确定类型。因为各种梁类型的钢筋计算方式不同,所以在识别时必须分开。这里需要提醒的是,由于框架梁和基础梁算法差异大,而很多设计院会在基础层标注一个 DL(地梁),这个 DL 究竟是应该用基础梁还是框架梁,需要先搞清楚,否则会前功尽弃,最好找相关人员确认后再识别。如果这个 DL 是基础梁,则把第 11 行后边的"JZL"改为"JZL,DL";如果这个 DL 是框架梁,则把第 7 行后边的"KL"改为"KL,DL"。

图 11.9

4)柱设置

第 2~6 条　在识别时候,可通过这个名称来判断柱类型。需要注意的是:目前有些图纸上会用 Q1,Q2 来表示暗柱,需要在第 3 项暗柱代号里面加上"Q",如图 11.11 所示。

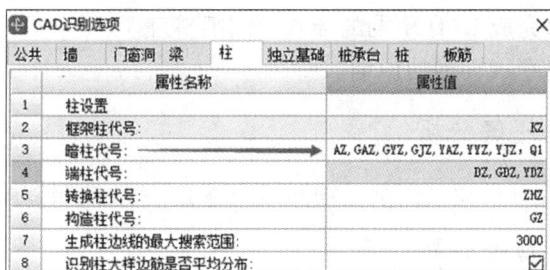

图 11.10　　　　　　　　　　　　图 11.11

第 7 条　生成柱边线的最大搜索范围。使用生成柱边线功能生成柱边线时,软件自动以鼠标点选为圆心,在半径 3000 内搜索封闭的区间。

5)独基、桩承台、桩设置

各个构件里面的第 2 行　在识别的时候,可通过这个名称来判断构件类型。同样,由于这些基础作用有点类似,所以代号有时候也会交叉使用,例如软件默认 ZJ,WKZ 是桩,但是有些设计者也用 ZJ 表示承台,这时就需要把 ZJ 从桩类型剪切到桩承台,如图 11.12 所示。

各个构件里面的第 3 行　主要给导过来的独基、承台、桩一个默认高度(因为识别的时候是不能识别高度的),就像前面识别独基、桩承台、桩里面写的一样,可以省掉逐个修改图元高度的麻烦。

6)自动识别板筋设置

第2~6条　在识别的时候,可通过这个名称来判断构件类型。

第7条　一些图纸中标注负筋时,只标注了全长,未进行两边标注,勾选此项则可进行识别,否则,将不进行识别。

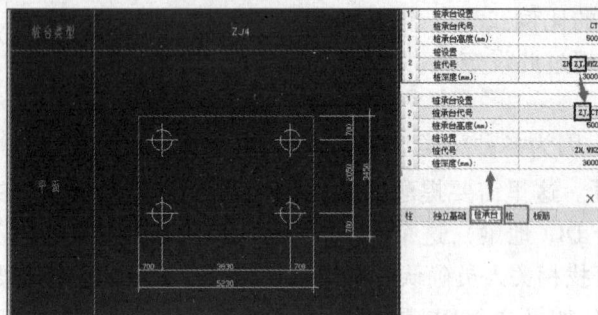

图 11.12

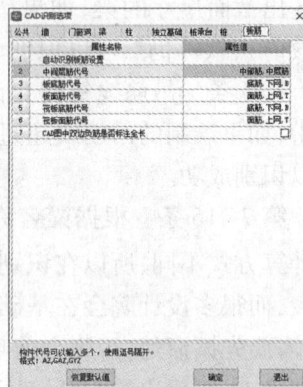

图 11.13

11.3　识别轴网

一、任务说明

(1)完成 CAD 草图的导入及图纸整理。

(2)完成轴网的识别。

二、任务分析

首先分析哪张图纸是轴网最完整的,一般按照首层建筑图设置。

三、任务实施

1)提取轴线及标志

①CAD 识别做工程,首先需要识别轴网。在"CAD 草图"界面单击"插入 CAD 图"选项,将首层的柱平面图导入软件中。如导入的 CAD 的图纸中存在多张平面图,可删除无用的 CAD 图形。

②导入 CAD 成功后,进入"识别轴网"界面,单击"提取轴线边线"选项。

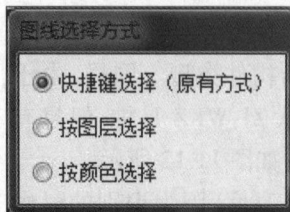

图 11.14　图线选择方式

在如图 11.14 所示的图线选择方式中,点选快捷键选择(原有方式是指:按"Ctrl+左键"代表按图层选择;"Alt+左键"代表按颜色选择)。需要注意的是:不管在框中设置何种选择方式,都可通过键盘来操作,优先实现选择同图层或是同颜色的图元。

③通过"按图层选择"选择所有轴线,被选中的轴线全部变成深蓝色。单击右键确定(如图 11.15 所示),然后选择"提取轴线标志",按照同样的方法选中所有轴线的标注图元(如图 11.16 所示)。选中后单击右键确定,即完成轴网的提取工作。

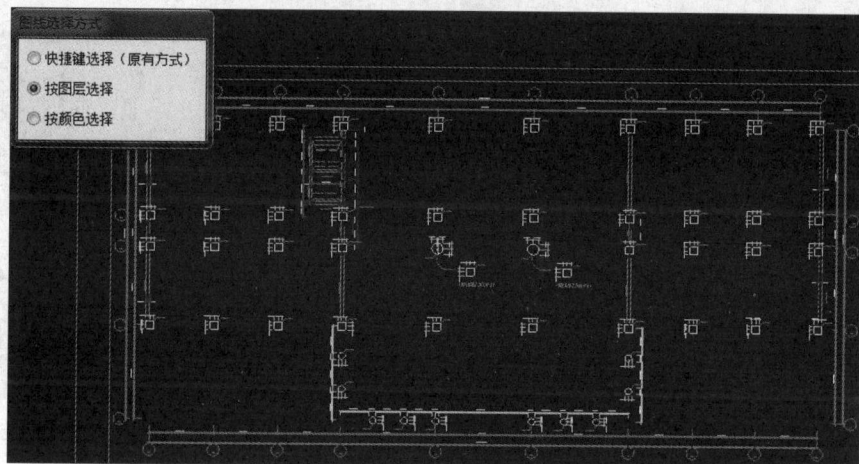

图 11.15　提取轴线边线

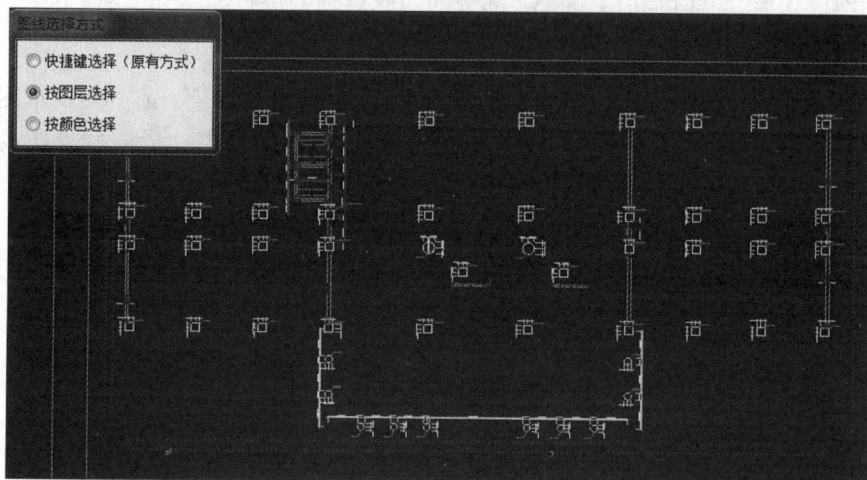

图 11.16　提取轴线标志

2) 识别轴网

提取轴线及标志后,进行识别轴网的操作。识别轴网有 3 种方法供选择,如图 11.17 所示。

自动识别轴网:用于自动识别 CAD 图中的轴线。

选择轴网组合识别:通过手动选择来识别 CAD 图中的轴线。

识别辅助轴线:用于手动识别 CAD 图中的辅助轴线。

本工程采用"自动识别轴网",可快速地识别出工程的轴网(见图 11.18)。

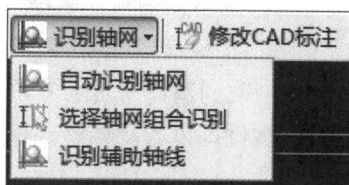

图 11.17　识别轴网

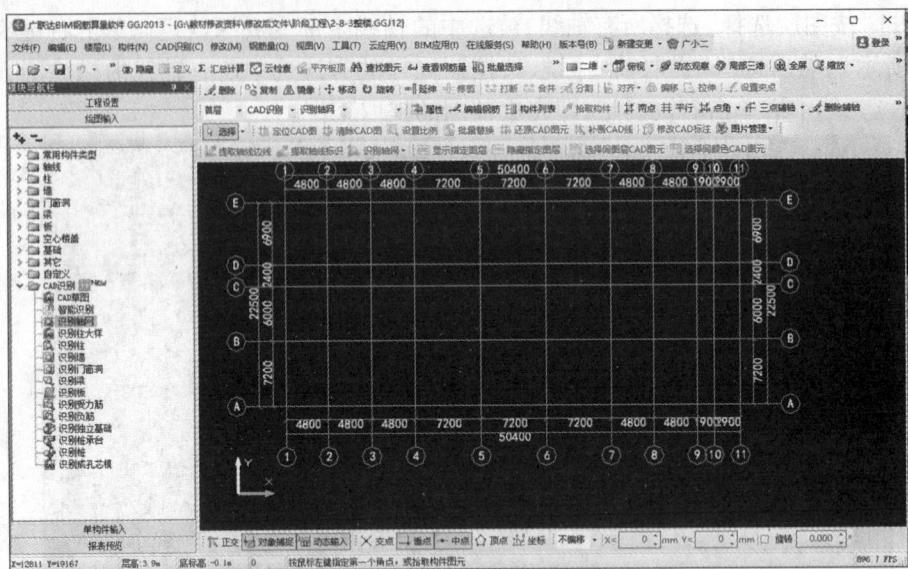

图 11.18　识别轴网完成

识别轴网成功后,同样可利用"轴线"部分的功能对轴网进行编辑和完善。

3)设置比例

导入 CAD 图之后,如图纸比例与实际不符,则需要重新设置比例。在"CAD 草图"绘图工具栏单击"设置比例"功能,根据提示,利用鼠标选择两点,软件会自动量取两点距离,并弹出如图 11.19 所示的对话框。

图 11.19　设置比例

如果量取的距离与实际不符,可在对话框中输入两点间实际尺寸(如"4800"),单击"确定"按钮,软件即可自动调整比例。

11.4　识别柱

一、任务说明

（1）用 CAD 识别的方式完成首层框架柱的定义和绘制。

（2）用 CAD 识别的方式完成首层端柱和暗柱的定义和绘制。

二、任务分析

CAD 识别柱有两种方法：识别柱表生成柱构件和识别柱大样生成柱构件。需要用到的图纸是 -0.100～19.500 墙柱平法施工图。

三、任务实施

1）识别柱表生成柱构件

（1）符号转化

GGJ2013 软件在导入 CAD 图时，对部分 CAD 符号可以自动转化，但是很多图纸的钢筋符号并不都是采用 GGJ2013 软件所能识别钢筋级别，遇到此种情况时，在识别构件之前需要进行符号转化的操作。

①在"CAD 草图"绘图工具栏，单击"符号转化"，弹出如图 11.20 所示的对话框。

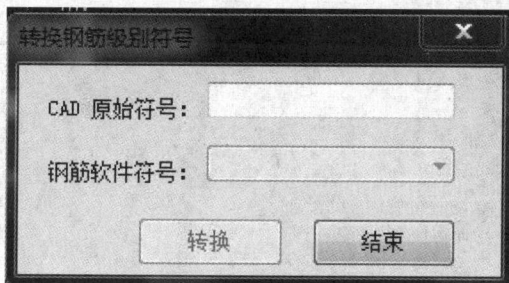

图 11.20　转换钢筋符号

②鼠标点取所要转化的 CAD 图号，软件自动匹配钢筋符号，如图 11.21 所示。

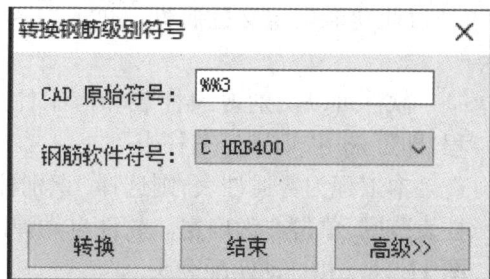

图 11.21　转换钢筋级别符号完成

③确定无误后单击"转化"，则将 CAD 符号转化为软件能识别的钢筋符号。

![注意图标] **注意**

在识别每个构件之前,都需要将 CAD 图的钢筋符号转化为软件能识别的钢筋符号。

(2)CAD 定位

导入墙柱施工图之后,先用上一节介绍的方法对图纸进行比例设置,然后进行定位,如图 11.22 所示。

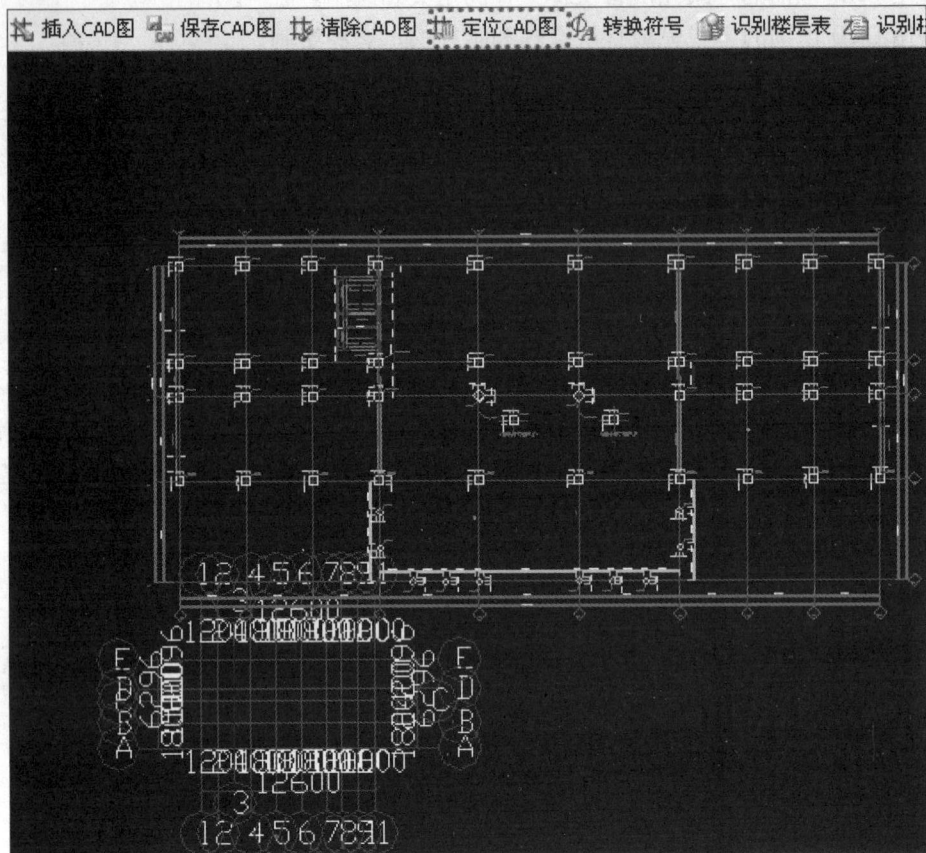

图 11.22　定位 CAD 图

(3)识别柱表

如工程中存在柱表,则可通过此功能来定义柱属性。进入"CAD 草图"界面,单击"识别柱表"功能,如图 11.23 所示。

软件可以识别普通柱表和广东柱表,遇到有广东柱表的工程,即可采用"识别广东柱表"。

本工程为普通柱表,则选择"识别柱表"功能,框选要识别的柱表范围,单击右键确定。软件自动弹出"识别柱表"对话框(见图 11.24),并自动匹配表头。

下面以首层框架柱为例,介绍一下识别柱的使用功能。

图 11.23　识别柱表功能

柱号	标高(m)	b×h(圆柱直径)(mm)	b1(mm)	b2(mm)	h1(mm)	h2(mm)	全部纵筋	角筋	b边一侧中部	h边一侧中部	箍筋类型号	箍筋
KZ1	-0.100~15.	600×600	300	300	300	300		4C22	4C20	4C20	1(4×4)	A10@100/200
KZ2	-0.100~7.7	850					8C25				7(4×4)	A10@100/200
KZ3	7.700~15.5	600×600	300	300	300	300		4C22	4C20	4C20	1(4×4)	A8@100/200
KZ4	-0.100~3.8	500					8C20				7(4×4)	A8@100/200
KZ5	-0.100~3.8	500					8C22				7(4×4)	A8@100/200
KZ6	-0.100~19.	600×600	300	300	300	300		4C22	4C20	4C20	1(4×4)	A10@100/200
KZ7	-0.100~18.	600×600	300	300	300	300		4C22	4C20	4C20	1(4×4)	A10@100/200

批量替换　　删除行　　删除列　　确定　　取消
插入行　　插入列

提示：请在第一行的空白行中单击鼠标从下拉框中选择列对应关系

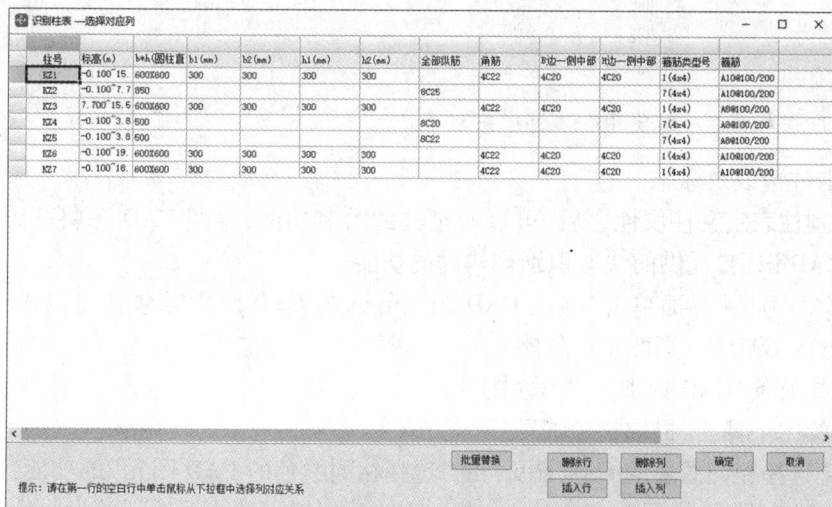

图 11.24　识别柱表

　　在表格中,可以进行"批量替换""删除行""删除列""插入行""插入列"等功能,可利用表格的这些功能对表格内容进行核对和调整,删除无用的部分后单击"确定"按钮。如表格中存在不符合的数据,单元格会以"红色"来进行显示,方便查找和修改;表格无误,则弹出如图 11.25 所示的"确认"对话框。单击"是",进入"柱表定义"对话框。确定无误,单击"生成构件",即完成识别柱表的操作,柱定义界面自动地生成识别的柱信息,如图 11.26 所示。

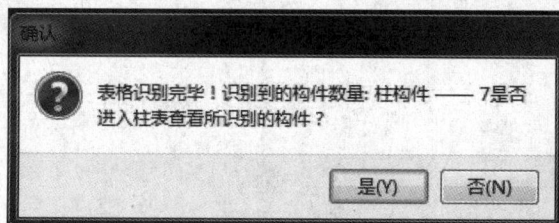

确认

表格识别完毕!识别到的构件数量:柱构件 —— 7是否进入柱表查看所识别的构件?

是(Y)　　否(N)

图 11.25

柱表定义

柱列表

柱号/标高(m)	楼层编号	b×h(mm)(圆柱直径)(mm)	b1(mm)	b2(mm)	h1(mm)	h2(mm)	全部纵筋	角筋	b边一侧中部	h边一侧中部筋	箍筋
- KZ1											(4×4)
└ -0.1~15.5	1, 2, 3, 4	600×600	300	300	300	300		4Φ22	4Φ20	4Φ20	(4×4)
- KZ2											(4×4)
└ -0.1~7.7	1, 2	850					8Φ25				(4×4)
- KZ3											(4×4)
└ 7.7~15.5	3, 4	600×600	300	300	300	300		4Φ22	4Φ20	4Φ20	(4×4)
- KZ4											(4×4)
└ -0.1~3.8	1	500					8Φ20				(4×4)
- KZ5											(4×4)
└ -0.1~3.8	1	500					8Φ22				(4×4)
- KZ6											(4×4)
└ -0.1~19.5	1, 2, 3, 4, 5	600×600	300	300	300	300		4Φ22	4Φ20	4Φ20	(4×4)
- KZ7											(4×4)
└ -0.1~18.5	1, 2, 3, 4	600×600	300	300	300	300		4Φ22	4Φ20	4Φ20	(4×4)

复制单元格　粘贴单元格　　新建柱(I)　新建柱层(B)　删除(D)　复制(C)　　生成构件(S)　页面设置(T)　　确定　取消

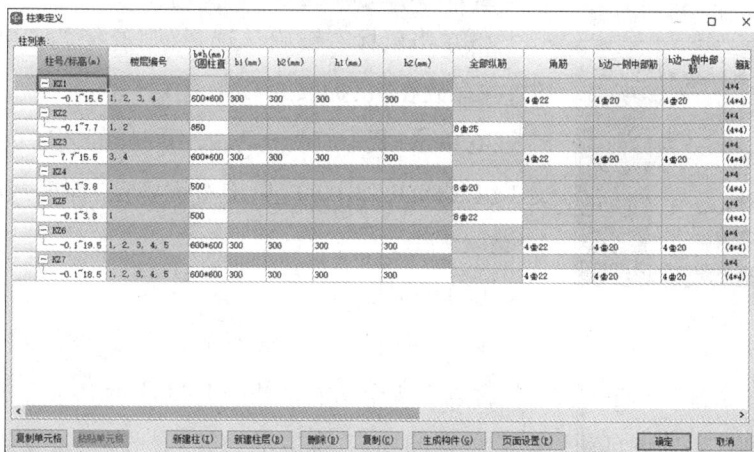

图 11.26　首层柱表

注意

当遇到广东柱表时,则使用"识别广东柱表"。

(4)提取柱边线及标志

通过识别柱表定义柱属性之后,可以通过柱的绘制功能,参照 CAD 图将柱绘制到图上,也可使用"CAD 识别"提供的快速识别柱构件的功能。

①在"CAD 草图"界面单击"插入 CAD 图",导入的 CAD 图中需包括可以用于识别的柱(如果已经导入 CAD 图,则此步可省略)。

②单击导航条"CAD 识别"→"识别柱"。

③单击绘图工具栏"提取柱边线"。

④利用"选择相同图层的 CAD 图元"或"选择相同颜色的 CAD 图元"的功能,选中需要提取的柱边线 CAD 图元,如图 11.27 所示。此过程中也可以点选或框选需要提取的 CAD 图元。

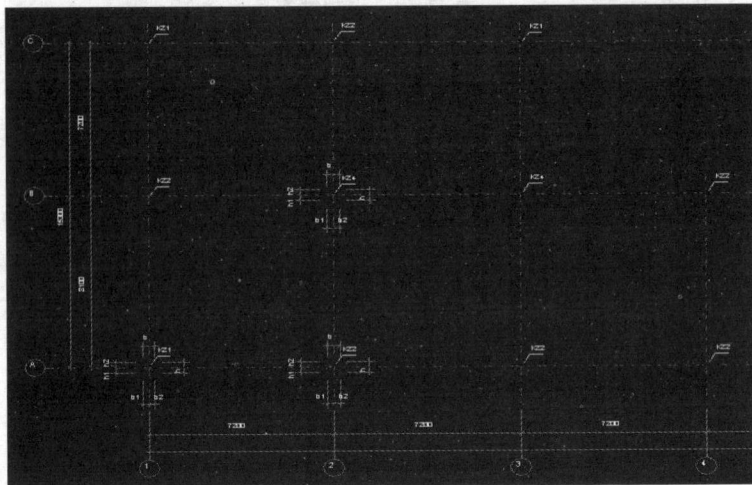

图 11.27　识别柱边线

⑤单击鼠标右键确认选择,则选择的 CAD 图元自动消失,并存放在"已提取的 CAD 图层"中。

⑥单击"提取柱标志",采用同样的方法选择所有柱的标志(包含标注及引线),单击右键确定,即完成柱边线及标志的提取工作。

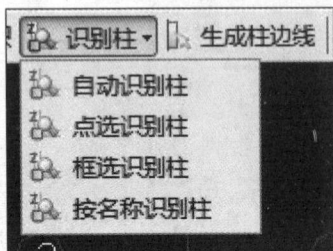

图 11.28　识别柱功能

(5)识别柱

识别柱表、提取边线及标志完成之后,接下来进行识别柱构件的操作。选择"识别柱",它包含以下 4 个功能,如图 11.28 所示。

①自动识别柱。软件自动根据所识别的柱表、提取的边线和标志来自动识别整层柱,本工程采用"自动识别柱"。单击"自动识别柱"进行柱构件识别,识别完成后,弹出识别柱构件的个数的提示。单击"确定"按钮,完成柱构件的识别,如图 11.29 所示。

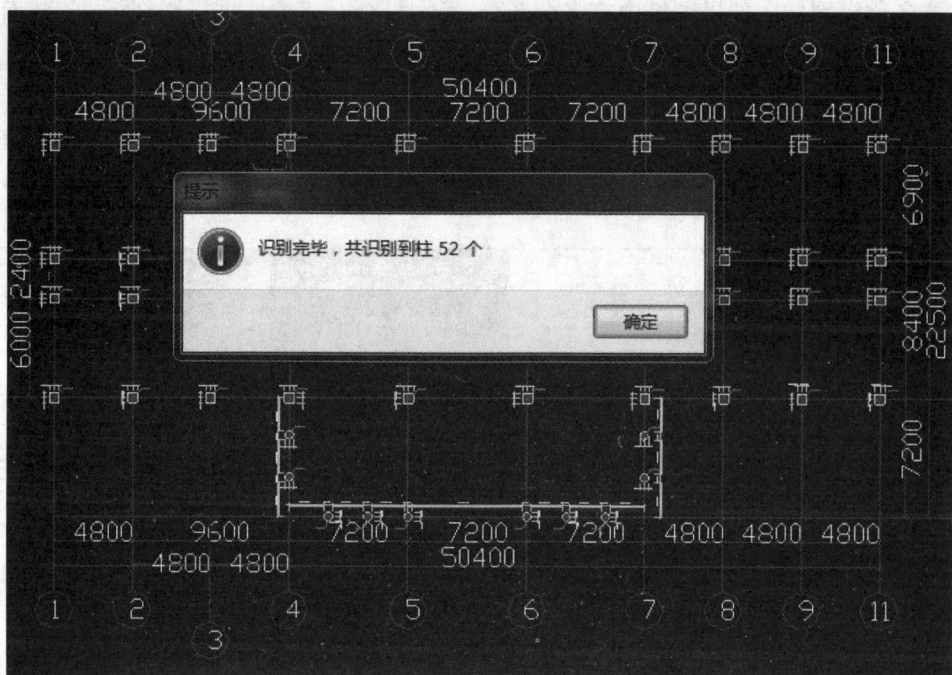

图 11.29　识别柱完成

②点选识别柱。点选识别柱即是通过鼠标点选的方式,逐一识别柱构件。完成提取柱边线和提取柱标志操作后,单击绘图工具栏"识别柱"→"点选识别柱",单击需要识别的柱标志CAD 图元,则"识别柱"窗口会自动识别柱标志信息,如图 11.30 所示。

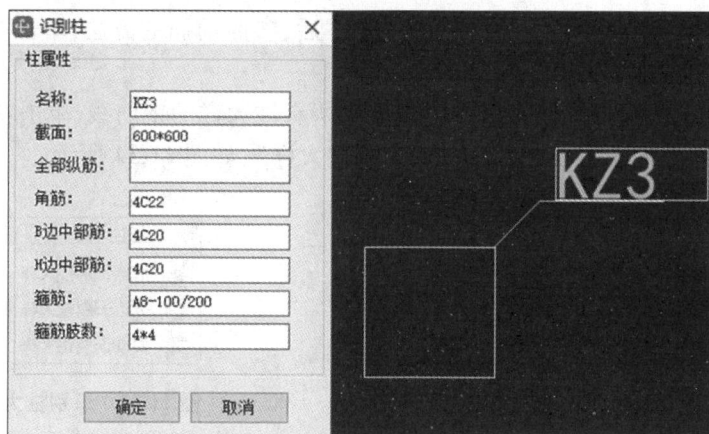

图 11.30　点选识别柱

单击"确定"按钮,在图形中选择符合该柱标志的柱边线和柱标志,再单击右键确认选择,此时所选柱边线和柱标志被识别为柱构件,如图 11.31 所示。

③框选识别柱。当需要识别某一区域的柱时,可使用此功能,根据鼠标框选的范围,软件会自动识别框选范围内的柱。

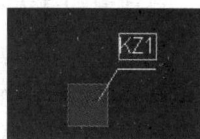

图 11.31

④按名称识别柱。如果图纸中有多个 KZ1,通常只会对一个柱进行详细标注(截面尺寸、钢筋信息等),而其他柱只标注柱名称。对于这种 CAD 图纸,就可以使用"按名称识别柱"进行柱识别的操作。

完成提取柱边线和提取柱标志操作后,单击绘图工具栏"识别柱"→"按名称识别柱",然后单击需要识别的柱标志 CAD 图元,则"识别柱"窗口会自动识别柱标志信息,如图 11.32 所示。

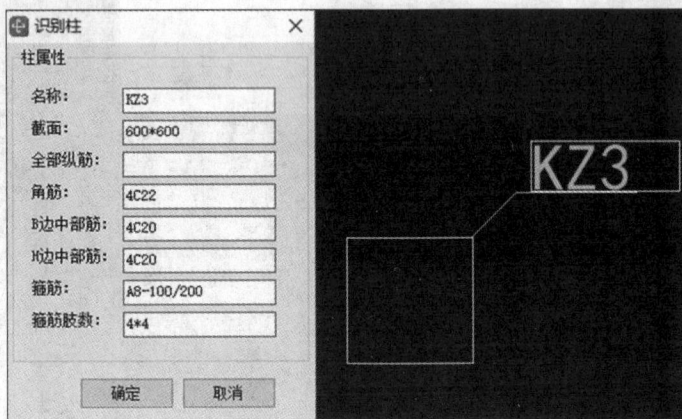

图 11.32　按名称识别

单击"确定"按钮,此时满足所选柱标志的所有柱边线会被自动识别为柱构件,并弹出识别成功的提示,如图 11.33 所示。

2)识别柱大样生成柱构件

如果图纸中柱或暗柱采用柱大样的形式来作标记,则可使用"识别柱大样"的功能。

①提取柱大样边线及标志。进行"符号转换"后,参照前面的方法,单击"提取柱边线"和"提取柱标志",完成柱大样边线、标志的提取。

②提取钢筋线。单击"提取钢筋线",提取到所有柱大样的钢筋线,单击右键确定。

③识别柱大样。提取完成之后,单击"识别柱大样",如图 11.34 所示。

图 11.33　识别完成

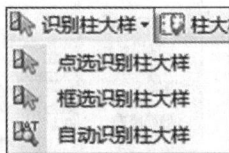

图 11.34　识别柱大样

点选识别柱大样:通过鼠标选择来识别柱大样。

自动识别柱大样:即软件自动识别柱大样。

本工程采用点选识别柱大样。单击"点选识别柱大样",状态栏提示点取柱大样的边线,则用鼠标选择柱大样的一根边线,然后软件提示"请点取柱的标注或直接输入柱的属性",则点取对应的柱大样的名称,弹出如图 11.35 所示的对话框。

在此对话框中,可以直接利用"CAD 底图读取"在 CAD 中读取柱的信息,对柱信息进行修改。在"全部纵筋"一行,软件支持"读取"和"追加"的操作。

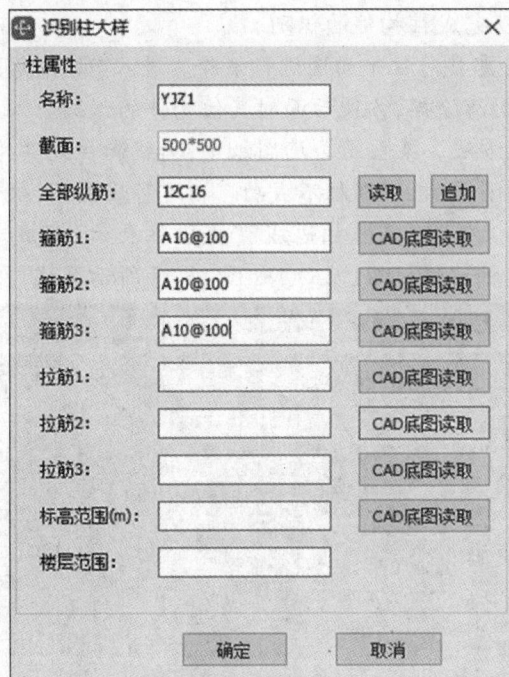

图 11.35　点选识别柱大样

读取：从 CAD 中读取钢筋信息，对栏中的钢筋信息进行替换。

追加：如遇到纵筋信息分开标注的情况，可通过"追加"将多处标注的钢筋信息进行追加求和的处理，如图 11.36 所示。

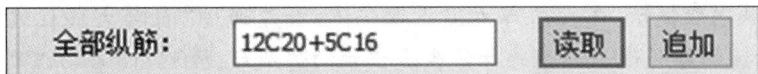

图 11.36

操作完成后，软件通过识别柱大样信息定义柱属性。

④识别柱。在识别柱完成之后，软件定义了柱属性，最后还需要通过前面介绍的"提取柱边线""提取柱标志"和"自动识别柱"功能来生成柱构件，这里不再重复介绍。

四、任务结果

任务结果同 3.2 节和 3.3 节的任务结果。

知识拓展

（1）利用"CAD 识别"来识别柱构件，首先需要"导入 CAD 图"，然后"转化符号"，通过"识别柱表"或"识别柱大样"先进行柱的定义，再利用"提取柱边线""提取柱标志"提取柱的边线和标志（包括标注引线），最后再通过"自动识别柱"来生成柱构件。其流程如下：

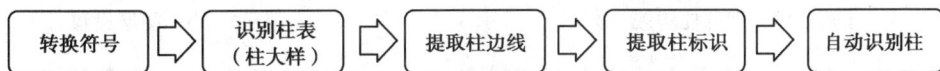

转换符号 ⇨ 识别柱表（柱大样）⇨ 提取柱边线 ⇨ 提取柱标识 ⇨ 自动识别柱

通过以上流程,则可以完成柱构件的识别。

(2)在识别柱完成后,需要对柱平面图进行清除。进入"CAD草图"界面,使用"清除CAD图"功能,将柱CAD平面图清除掉,方便后面对其他构件的识别。

①墙柱共用边线处理方法。某些剪力墙图纸中,墙线和柱线共用,柱没有封闭的图线,导致直接识别柱时找不到封闭区域,识别柱不成功。在这种情况下,软件提供两种解决方法:

a.使用"框选识别柱"。使用"提取柱边线""提取柱表示"完成对柱信息的提取(将墙线提取到柱边线),使用提取柱边线拉框(反选)如图11.37所示区域,即可完成识别柱。

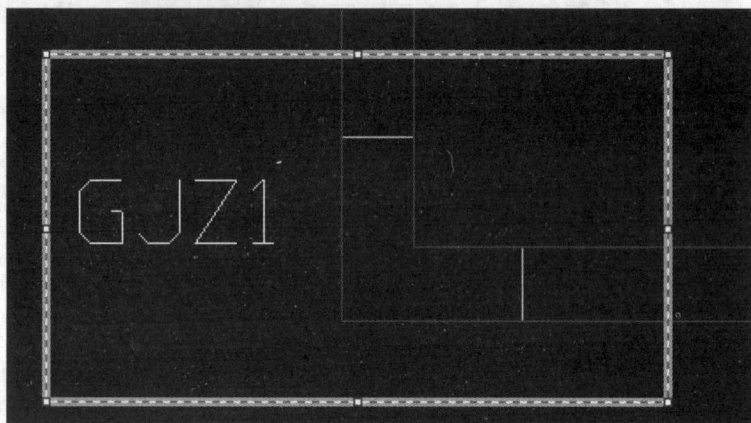

图11.37 框选识别柱

b.使用"生成柱边线"功能来进行处理。提取墙边线后,进入"识别柱"界面,单击"生成柱边线",按照状态栏提示,在柱内部左键点取一点,或是通过"自动生成柱边线",让软件自动搜索,生成封闭的柱边线。利用此功能生成出柱的边线后,再利用"自动识别柱"识别柱,即可解决墙、柱共用边线的情况,如图11.38所示。

②图层设置。在识别构件菜单下,通过"图层设置"功能,可进行图层控制的相关操作,如图11.39所示。

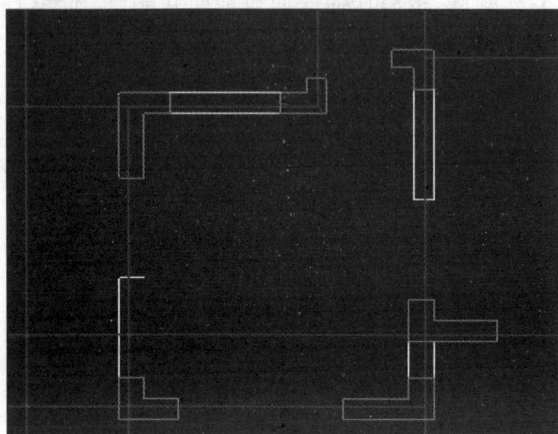

图11.38 生成柱边线

图11.39 图层设置

a.在提取过程中,如果需要对CAD图层进行控制,按"F7"键即可调出CAD图层显示控制面板。通过此对话框,即可控制"已提取的 CAD 图层"和"CAD 原始图层"的显示与关闭,如图 11.40 所示。

图 11.40　图层设置

b.只显示选中 CAD 图元所在图层,可利用此功能将其他图层的图元隐藏。

c.隐藏选中的 CAD 图元所在图层,将选中的 CAD 图元所在的图层进行隐藏,其他图层显示。

d.可通过此工具栏来运行选择同图层或是同颜色图元的功能。

11.5　识别墙

一、任务说明

(1)识别首层门窗表及门窗构件。

(2)识别首层墙。

二、任务分析

本工程结构为框架-剪力墙结构,首先需要识别剪力墙、门窗洞口、连梁等构件。需使用的图纸有建筑设计说明(门窗表)、剪力墙柱详图和首层建筑平面图。

三、任务实施

1)提取门窗表

在识别墙构件之前,首先需要识别门窗洞口。

①在"CAD 草图"界面,使用"插入 CAD 图"导入门窗表图纸。

②导入门窗表图纸后,在"CAD 草图"界面单击"识别门窗表",操作方法与"识别柱表"类似。框选门窗表后,单击右键确定,弹出"识别门窗表"对话框,如图 11.41 所示。

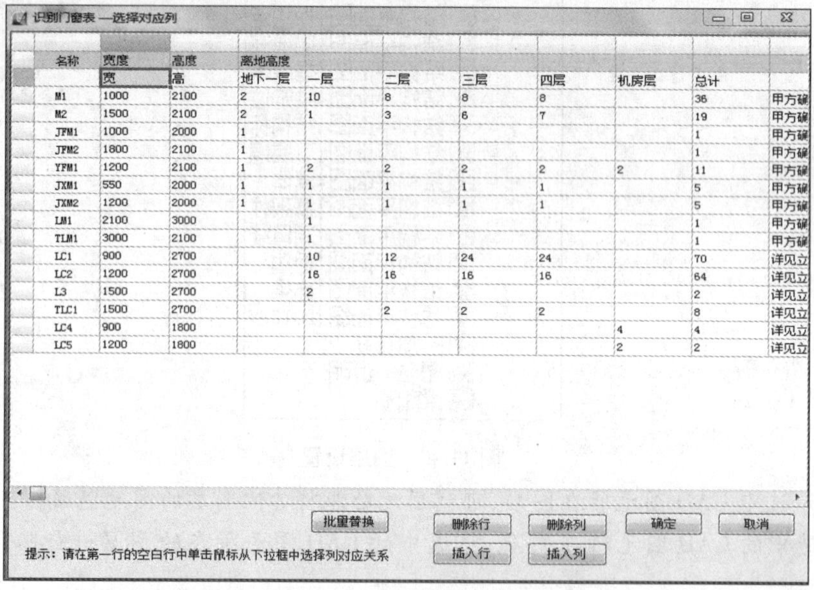

名称	宽度	高度	离地高度						总计	
	宽	高	地下一层	一层	二层	三层	四层	机房层	总计	
M1	1000	2100	2	10	8	8	8		36	甲方确
M2	1500	2100	2	1	3	6	7		19	甲方确
JFM1	1000	2000	1						1	甲方确
JFM2	1800	2100	1						1	甲方确
YFM1	1200	2100	1	2	2	2	2	2	11	甲方确
JXM1	550	2000	1	1	1	1	1		5	甲方确
JXM2	1200	2000	1	1	1	1	1		5	甲方确
LM1	2100	3000		1					1	甲方确
TLM1	3000	2100		1					1	甲方确
LC1	900	2700		10	12	24	24		70	详见立
LC2	1200	2700		16	16	16	16		64	详见立
L3	1200	2700		2					2	详见立
TLC1	1500	2700			2	2	2		8	详见立
LC4	900	1800						4	4	详见立
LC5	1200	1800						2	2	详见立

批量替换 　删除行　删除列　确定　取消

插入行　插入列

提示:请在第一行的空白行中单击鼠标从下拉框中选择列对应关系

图 11.41　识别门窗表

③修改正确后,单击"确定"按钮,完成识别门窗表的操作。

2)提取墙边线、门窗线

①提取门窗表完成后,清除门窗表图纸,重新导入 CAD 图,CAD 图中需包括可以用于识别的墙(如果已经导入 CAD 图,则此步可省略)。

②进入"CAD 识别"→"识别墙",单击绘图工具栏"提取混凝土墙边线"。

③利用"选择相同图层的 CAD 图元"或"选择相同颜色的 CAD 图元"的功能,选中需要提取的混凝土墙边线 CAD 图元。此过程中也可以点选或框选需要提取的 CAD 图元。

④单击鼠标右键确认选择,则选择的 CAD 图元自动消失,并存放在"已提取的 CAD 图层"中。

说明

这里只选择混凝土墙,对于砌体墙,用"提取砌体墙边线"功能来提取,这样识别出来的墙才能区分开材质类别。

3)读取墙厚

①完成墙线、门窗线提取后,单击绘图工具栏"读取墙厚",此时绘图区域显示提取的

墙边线。

②以鼠标左键选择墙的两条边线,单击右键将弹出如图 11.42 所示的"读取墙厚"窗口。窗口中已经识别了墙厚度,并默认了钢筋信息。输入墙的名称,并修改钢筋信息等参数,再单击"确认"按钮,则墙构件建立完毕。

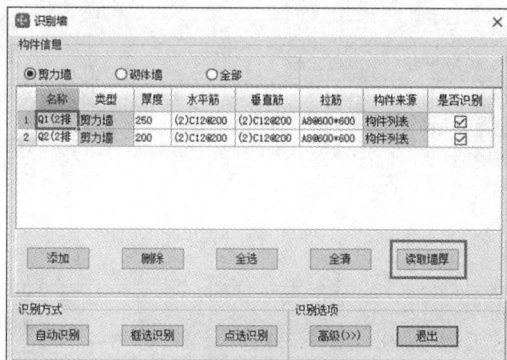

图 11.42　提取墙厚

按照同样的方法,定义其他墙的属性,构件列表窗口会列出已经建立的墙构件。

4)识别墙

完成提取墙边线、提取门窗线和读取墙厚操作后,即可进行识别墙的操作。

单击菜单栏"CAD 识别"→"识别墙",软件将显示如图 11.43 所示的窗口,其中有 3 种识别墙的方式:

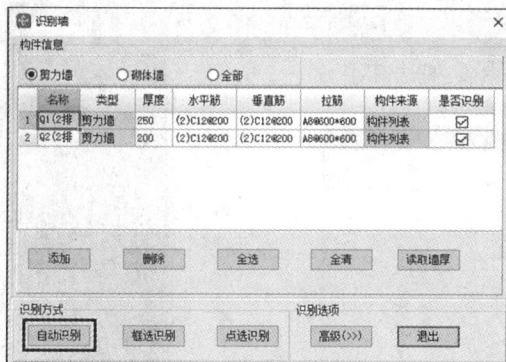

图 11.43　识别墙

(1)自动识别

①选择"自动识别"页签,单击"全选",单击识别按钮,软件弹出如图 11.44 所示的提示。

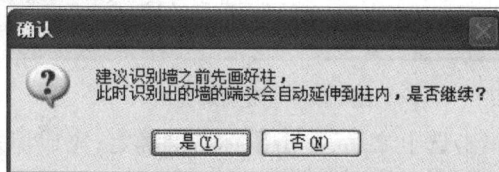

图 11.44　自动识别

如果在识别墙之前已完成柱识别,软件会自动把墙伸入柱内的端头延伸到柱内,这样就能够保证图元正确地相交扣减。否则,没有识别柱而直接识别墙,则墙会在有柱的位置断开。

②单击按钮"是",完成识别。

（2）点选识别

①选择"点选识别"页签，如图11.45所示。

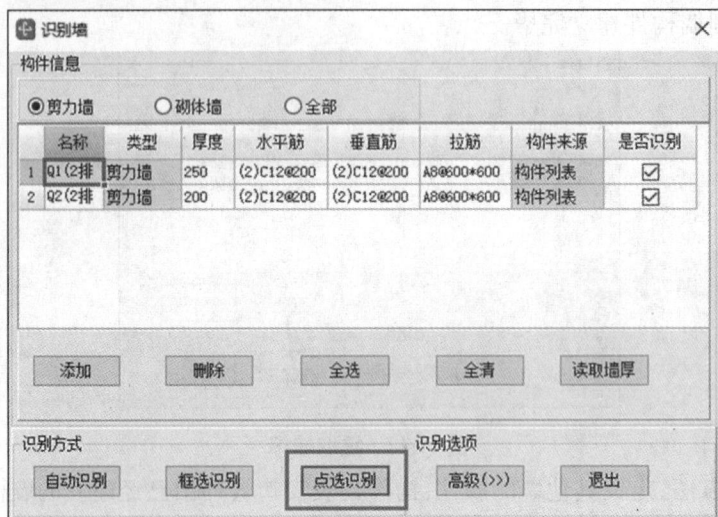

图11.45　点选识别墙

②在"选择需要识别的墙构件"中选择需要识别的墙构件，单击识别按钮，然后在绘图区域单击该构件的图元，该图元变成蓝色，如图11.46所示。

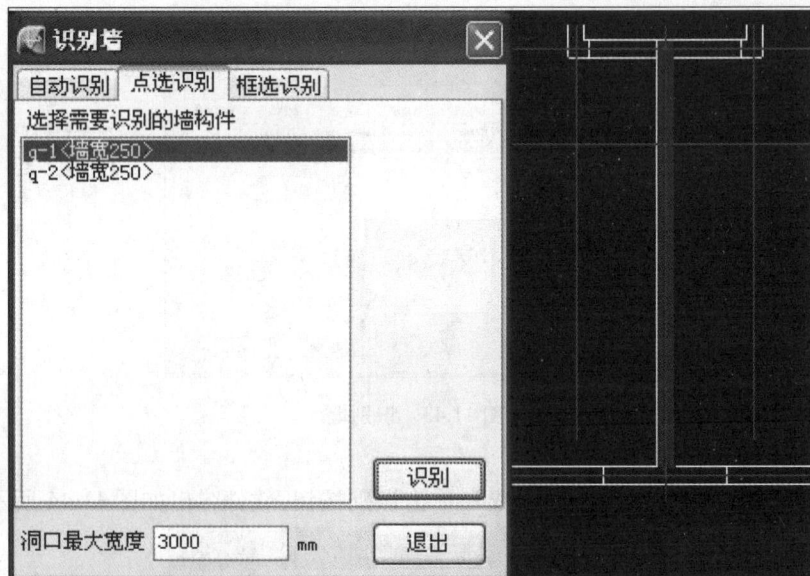

图11.46　识别墙完成

③连续把该构件全部单击选上之后，单击鼠标右键确定，完成识别。

说明

（1）此功能可用于当个别构件需要单独识别，或者自动识别构件没有识别全、有遗漏的时候。

（2）在单击图元的时候，如果单击的图元的厚度不等于构件属性中的厚度，软件会给出提示，如图 11.47 所示。单击"确定"按钮后，重新选择别的墙。

（3）框选识别

①选择"框选识别"页签，如图 11.48 所示。

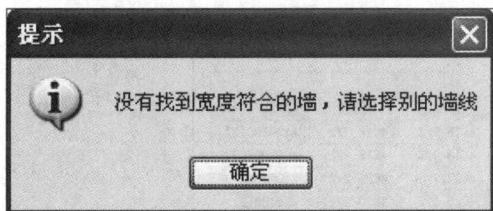

图 11.47

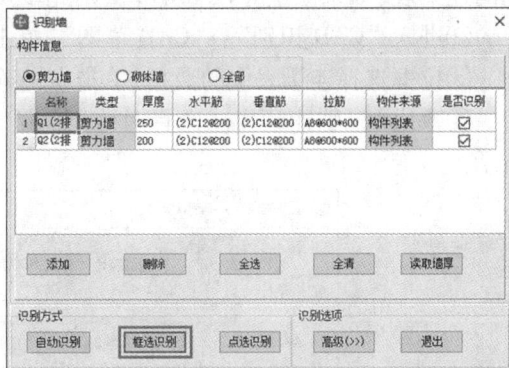

图 11.48　框选识别墙

②在"选择需要识别的墙构件"中选择需要识别的墙构件，单击识别按钮，在图中拉框选择墙图元，如图 11.49 所示。

③单击鼠标右键确认，则被选中的墙识别完成，如图 11.50 所示。

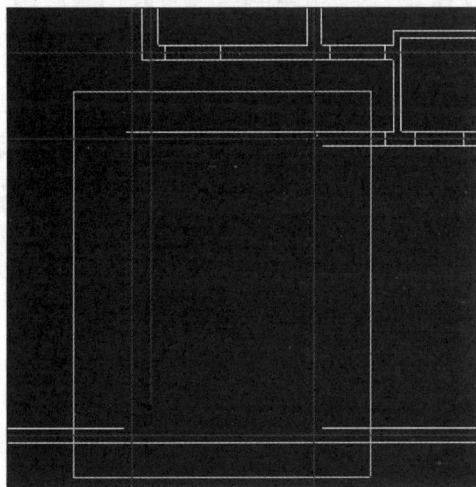

图 11.49　拉框选择墙图元

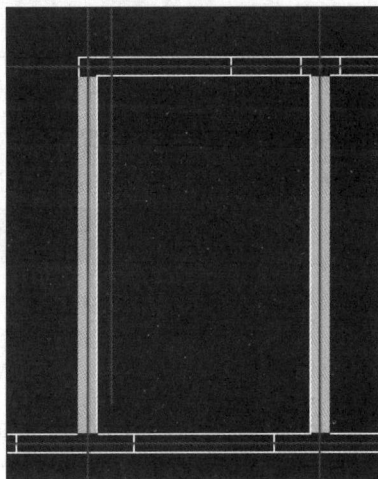

图 11.50　识别墙完成

说明

只有完全落在选择框里的图元才会被识别。

5）识别暗柱

"识别暗柱"的方法与识别柱相同，可参照前面"识别柱"部分。

6)识别连梁表

有些图纸设计是按 16G101-1 规定的连梁表形式设计的,此时就可以使用软件提供的"识别连梁表"功能,对 CAD 图纸中的连梁表进行识别。

①符号转化过后,在"CAD 草图"界面选择"导入 CAD 图",CAD 图中需包括可以用于识别的连梁表(如果已经导入 CAD 图,则此步可省略)。

②进入"CAD 识别"→"CAD 草图",单击绘图工具栏"识别连梁表"。

③拉框选择连梁表中的数据,单击右键确认选择。

④弹出"识别连梁表—选择对应列"窗口,使用表格功能可进行修改、编辑,如图 11.51 所示。

名称		楼层编号	梁顶相对标	截面	上部纵筋	下部纵筋	箍筋
LL1		2~4	0.000	250X1200	4C18 2/2	4C18 2/2	A10@100(2)
		5	0.000	250X1300	4C18 2/2	4C18 2/2	A8@100(2)
LL2		2~4	0.000	250X1300	4C22 2/2	4C22 2/2	A10@100(2)
		5	+1.90	250X3100	4C20 2/2	4C20 2/2	A8@100(2)
LL3		2~4	0.000	250X1800	4C22 2/2	4C22 2/2	A10@100(2)
		5	0.000	250X1800	4C20 2/2	4C20 2/2	A8@100(2)
LL4		2~4	0.700	250X1200	4C18 2/2	4C18 2/2	A10@100(2)
		5	0.000	250X600	2C18	2C18	A8@100(2)

批量普换　　删除行　　删除列　　确定　　取消

提示:请在第一行的空白行中单击鼠标从下 插入行 收3 插入列

图 11.51　识别连梁表

⑤对应完后,弹出如图 11.52 所示的对话框,单击"确定"按钮即可将窗口中的连梁信息识别到软件的连梁表中。单击"是"按钮,进入"连梁表",单击"生成构件",完成连梁表识别。

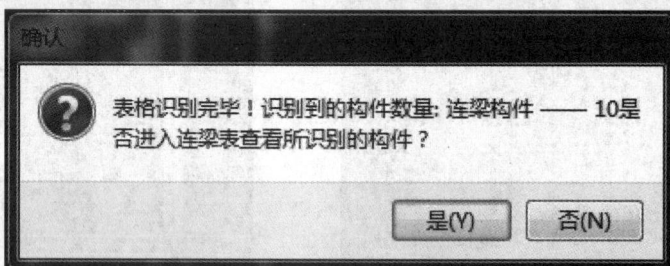

确认

? 表格识别完毕!识别到的构件数量:连梁构件 —— 10是否进入连梁表查看所识别的构件?

是(Y)　　否(N)

图 11.52　识别连梁完成

识别连梁表完成后,可以通过绘制连梁构件的功能布置连梁。

四、任务结果

任务结果同第 3.3 节和 3.6 节任务结果。

知识拓展

"识别墙"可识别剪力墙及砌体墙,因为墙构件存在附属构件,所以在识别时需要注意此类构件。对墙构件的识别,其流程如下:导入图纸→符号转换→识别门窗表→提取墙线、门窗线→读取墙厚→识别墙→识别暗柱→识别连梁。

通过以上流程,即可完成对整个墙构件的识别。

GGJ2013 最新版对识别连梁表作了优化,主要体现在:

①CAD 表中无楼层时,可以识别在当前层,并给出提示。

②判断梁重名时是按层号判断,名称相同、层号不同时可追加梁层。

③在对应列的界面增加了宽度和高度列,可以识别高度和宽度分开表示的连梁表。

④侧面钢筋带 N 或者 G 时,给出提示并可以过滤后进行识别。

11.6　识别梁

一、任务说明

要求完成首层梁构件及梁原位标注的识别。

二、任务分析

在梁的支座柱、剪力墙等识别完成之后,进行识别梁的操作。在 CAD 草图中导入 CAD 图,即首层梁平法施工图。进行"符号转化"过后,进入"CAD 识别"→"识别梁"。

三、任务实施

1)提取梁边线、标志

(1)提取梁边线

①单击绘图工具栏"提取梁边线"。

②利用"选择相同图层的 CAD 图元"或"选择相同颜色的 CAD 图元"的功能,选中需要提取的梁边线 CAD 图元。此过程中也可以点选或框选需要提取的 CAD 图元。

③单击鼠标右键确认选择,则选择的 CAD 图元自动消失,并存放在"已提取的 CAD 图层"中。

(2)提取梁标注

提取梁标注包含 3 个功能:自动提取梁标注、提取梁集中标注和提取梁原位标注。

"自动提取梁标注"可一次提取 CAD 图中全部的梁标注,软件会自动区别梁原位标注与集中标注,一般集中标注与原位标注在同一图层时使用。

单击"自动提取梁标注",选中图中所有相同图层的梁标注。如果集中标注与原位标注在同一图层,就会都被选择到。此时,直接单击右键确定,如图 11.53 所示。GGJ2013 在最新版作了优化后,软件会自动区分集中和原位标注,弹出如图 11.54 所示的提示。

单击"确定"按钮,即完成标注的提取。完成提取之后,集中标注以黄色显示,原位标注以粉色显示,如图 11.55 所示。

如果集中标注与原位标注分别在两个图层,则分别采用"提取梁集中标注"和"提取梁原位标注"分开提取,方法与自动提取类似。

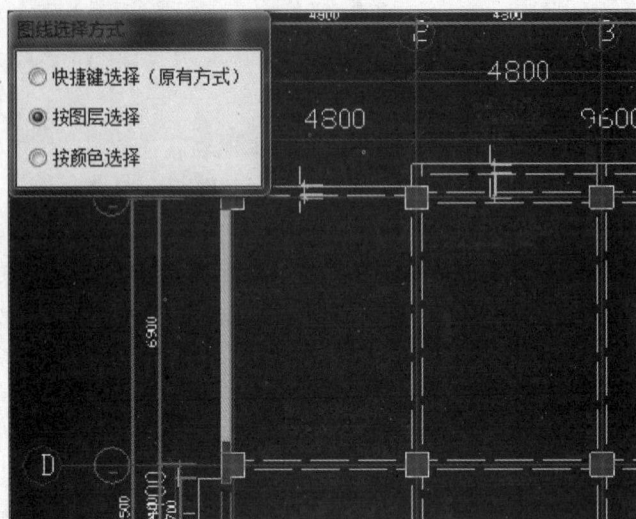

图 11.53　提取梁标注

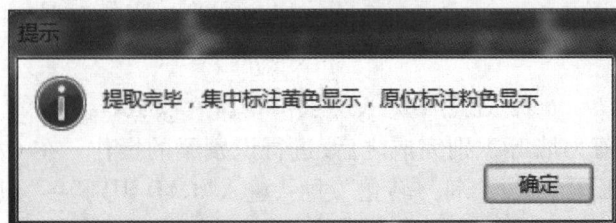

图 11.54　提取梁标注对话框

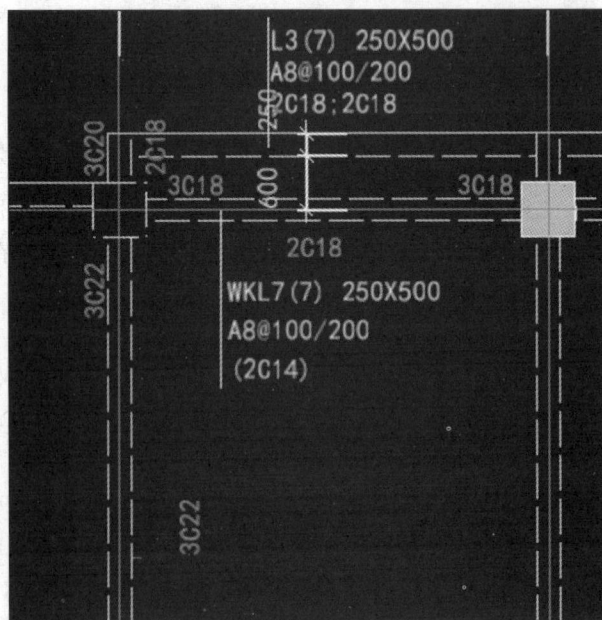

图 11.55　提取梁标注完成

2）识别梁

提取梁边线和标注完成后，接着进行识别梁构件的操作。

识别梁有自动识别梁、点选识别梁、框选识别梁 3 种方法，如图 11.56 所示。

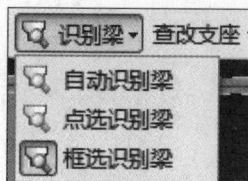

图 11.56　识别梁

（1）自动识别梁

软件自动根据提取的梁边线和梁集中标注，对图中所有梁一次全部识别。

①完成提取梁边线和提取梁集中标注操作后，单击绘图工具栏"识别梁"→"自动识别梁"，软件弹出如图 11.57 所示的提示。

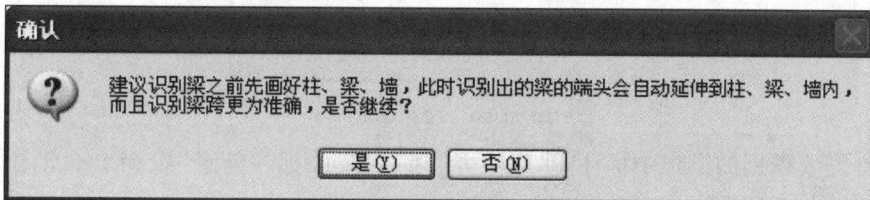

图 11.57　自动识别梁

识别梁之前，应先识别或者画完柱、墙、其他梁，这样识别出来的梁会自动延伸到现有的柱、墙、梁中，计算结果更准确。

②单击"是"按钮，则提取的梁边线和梁集中标注被识别为软件的梁构件。粉色标志识别的跨数与梁标注的一致，而红色则表示不一致的梁，需要检查进行修改，如图 11.58 所示。

图 11.58　识别梁异常提示

（2）点选识别梁

"点选识别梁"功能可以通过选择梁边线和梁集中标注的方法进行梁识别操作。

①完成"提取梁边线"和"提取梁集中标注"操作后，单击绘图工具栏"识别梁"→"点选识别梁"，则弹出如图 11.59 所示的"梁集中标注信息"窗口。

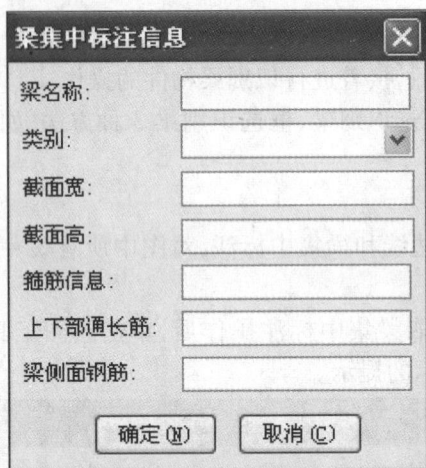

图 11.59　梁集中标注

②单击需要识别的梁集中标注 CAD 图元,则"梁集中标注信息"窗口会自动识别梁集中标注信息,如图 11.60 所示。

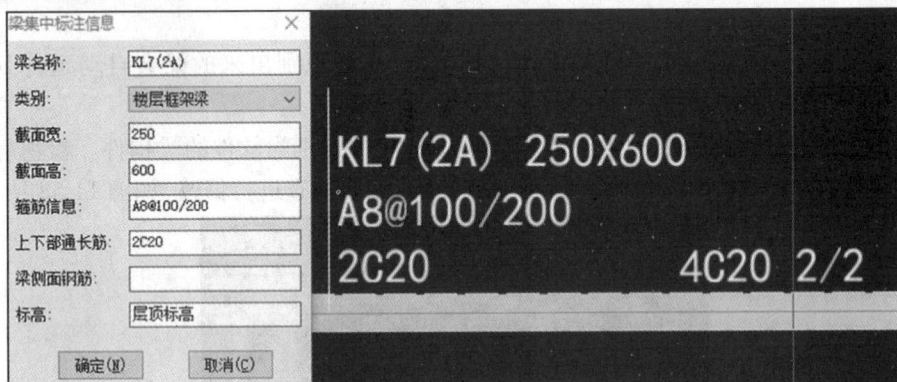

图 11.60　点选识别梁

③单击"确定"按钮,在图形中选择符合该梁集中标注的梁边线,被选择的梁边线以高亮显示,如图 11.61 所示。

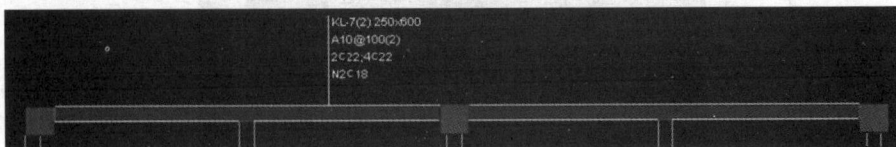

图 11.61

④单击右键确认选择,此时所选梁边线则被识别为梁构件,如图 11.62 所示。

图 11.62

4

（3）框选识别梁

"框选识别梁"可满足分区域识别的需求。对于一张图纸中存在多个楼层平面的情况，可以选中当前层识别，也可框选一道梁的部分梁线，完成整道梁的识别。

①完成"提取梁边线"和"提取梁集中标注"操作后，单击绘图工具栏"识别梁"→"框选识别梁"，如图 11.63 所示。

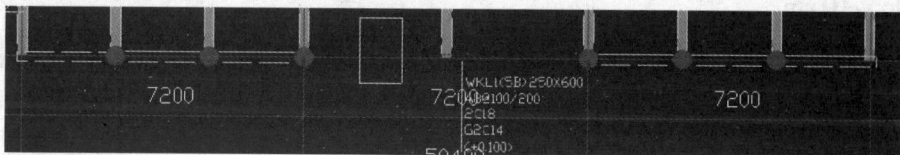

图 11.63　拉框选择梁

状态栏提示：拉框选择梁边线。

②用鼠标框选一片区域或一道梁的边线，被选中的梁线变为蓝色，单击右键确定，即完成梁的识别，如图 11.64 所示。

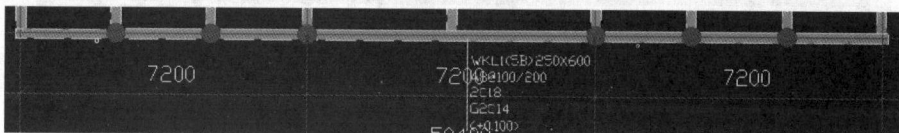

图 11.64　识别梁完成

知识拓展

（1）识别梁完成后，与集中标注中跨数一致的梁以粉色显示，与标注不一致的梁以红色显示，方便用户检查，如图 11.65 所示。

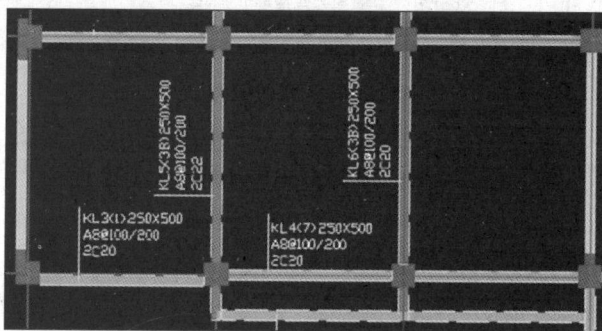

图 11.65　识别梁跨异常

（2）梁识别的准确率与"计算设置"部分有关。

①在"计算设置"→"框架梁"部分，第 3 项如图 11.66 所示。

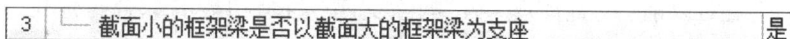

| 3 | ⌐ | 截面小的框架梁是否以截面大的框架梁为支座 | 是 |

图 11.66

此项设置可修改，并会影响后面的梁识别，注意准确设置。

②在"计算设置"→"非框架梁"部分，第 3，4 项如图 11.67 所示。

3	宽高均相等的非框架梁L型、十字相交互为支座	否
4	截面小的非框架梁是否以截面大的非框架梁为支座	是

图 11.67

此两项需要根据实际工程情况准确设置。

3)查改支座

当识别梁完成之后,软件会自动启动"查改支座",对梁跨进行校核,也可以单击工具栏"查改支座"运行此功能,如图 11.68 所示。

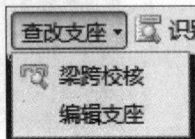

(1)梁跨校核

梁跨校核是自动提取梁跨,然后将提取到的跨数与标注中的跨数进行对比,二者不同时弹出提示。

图 11.68

①单击"梁跨校核",软件自动进行校核,如存在跨数不符的梁则会弹出提示,如图 11.69 所示。

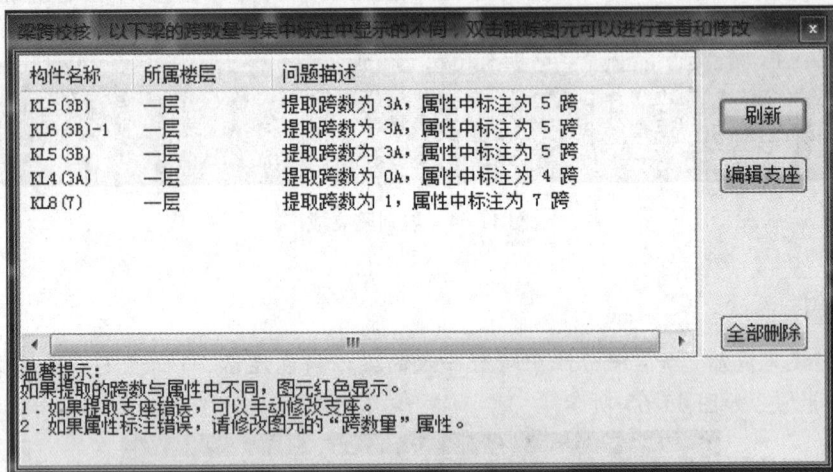

梁跨校核,以下梁的跨数量与集中标注中显示的不同,双击银跨图元可以进行查看和修改

构件名称	所属楼层	问题描述
KL5(3B)	一层	提取跨数为 3A,属性中标注为 5 跨
KL6(3B)-1	一层	提取跨数为 3A,属性中标注为 5 跨
KL5(3B)	一层	提取跨数为 3A,属性中标注为 5 跨
KL4(3A)	一层	提取跨数为 0A,属性中标注为 4 跨
KL8(7)	一层	提取跨数为 1,属性中标注为 7 跨

刷新

编辑支座

全部删除

温馨提示:
如果提取的跨数与属性中不同,图元红色显示。
1. 如果提取支座错误,可以手动修改支座。
2. 如果属性标注错误,请修改图元的"跨数量"属性。

图 11.69 梁跨校对

②在对话框中,双击梁构件名称,软件可以自动定位到此道梁,如图 11.70 所示。

编辑支座:可直接在对话框中调用"编辑支座"功能。

刷新:对梁进行修改后,可实时调用"刷新"功能进行检查。

全部删除:对存在问题的梁全部删除。

注意

梁跨校核针对所有的梁,包括粉色无跨信息的梁。

(2)编辑支座

"编辑支座"是对以前"设置支座"和"删除支座"两个功能的综合与优化,使用"编辑支座"可以对梁跨信息进行快速修改。

"编辑支座"命令可以通过"梁跨校核"来进行调用,也可以从"查改支座"工具栏调用。选择一根梁,运行"编辑支座"功能,命令行提示:"按鼠标左键选择需要删除的支座点,或者选择作为支座的图元设置支座。"如要删除支座,直接点取图中支座点标志即可;若要增加支座,则点取作为支座的图元(如蓝色框柱的梁),单击右键确定即可完成增加支座的操作。这样便可通过"编辑支座"快速对梁进行增加、删除支座的操作,如图 11.71 所示。

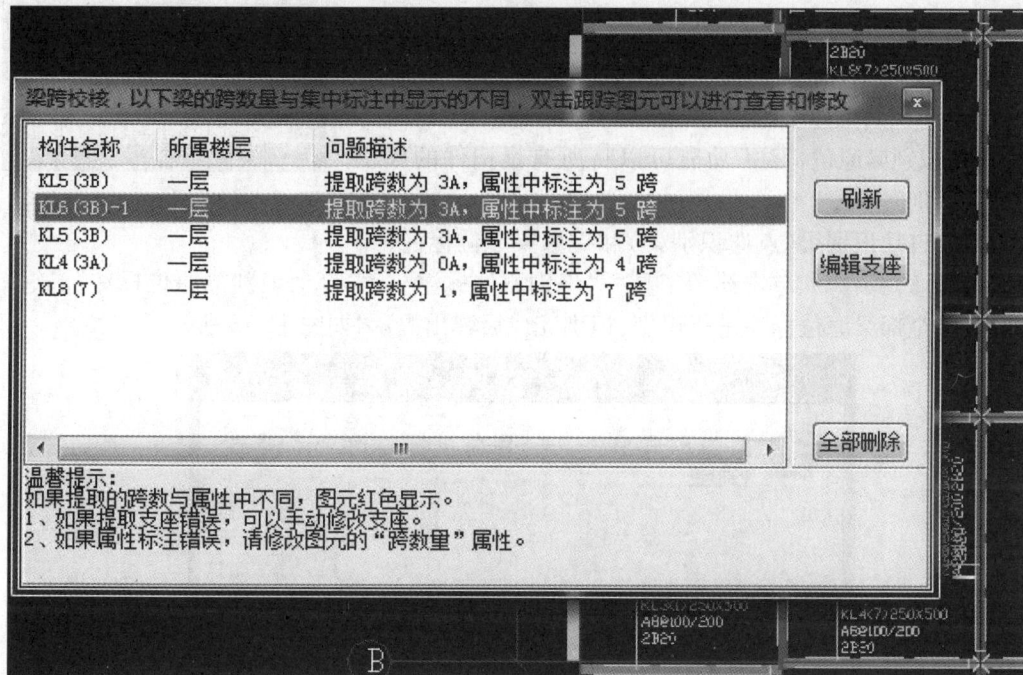

图 11.70　定位异常的梁

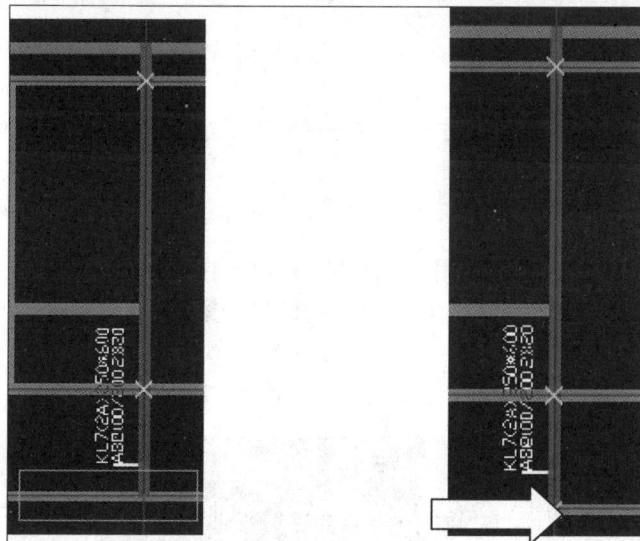

图 11.71

知识拓展

（1）可将"梁跨校核"与"编辑支座"以及修改功能（例如打断、延伸、合并等）结合使用,来修改和完善梁图元,保证梁图元和跨数正确,然后再识别原位标注。

（2）识别梁时,自动启动"梁跨校核",只针对本次生成的梁。要对所有梁校核,需要"刷新"或者手动启用"梁跨校核"。

4)识别原位标注

识别梁构件完成之后,应识别原位标注。

识别原位标注有 4 个功能,如图 11.72 所示。

(1)自动识别梁原位标注

"自动识别梁原位标注"功能可以将所有梁构件的原位标注批量识别。

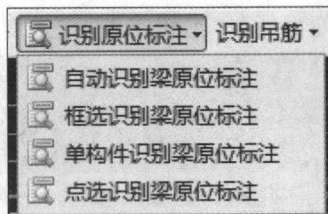

图 11.72　识别原位标注功能

①完成自动识别梁(点选识别梁)和提取梁原位标注(自动提取梁标注)操作后,单击绘图工具栏"识别原位标注"→"自动识别梁原位标注",软件自动会对整层全部梁原位标注进行识别,识别完成后弹出提示,如图 11.73 所示。

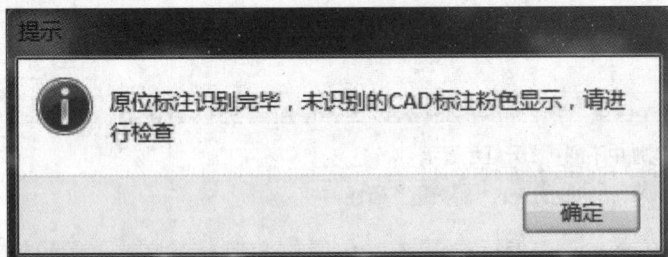

图 11.73

②单击"确定"按钮,完成识别。检查全图,看是否存在粉色的 CAD 标注。若存在,则需要修改或是对梁进行原位标注。

注意

如果图中存在有梁的实际跨数与标注不符的情况,会弹出提示,此时使用"梁跨校核"进行修改即可。

(2)框选识别梁原位标注

"框选识别梁原位标注"功能被用于识别某一区域内的梁原位标注。

①单击绘图工具栏"识别原位标注"→"单构件识别梁原位标注"。

②单击鼠标右键,则提取的梁原位标注就被识别为软件中梁构件的原位标注,如图 11.74 所示。识别成功的原位标注用深蓝色进行标志,如图 11.75 所示。

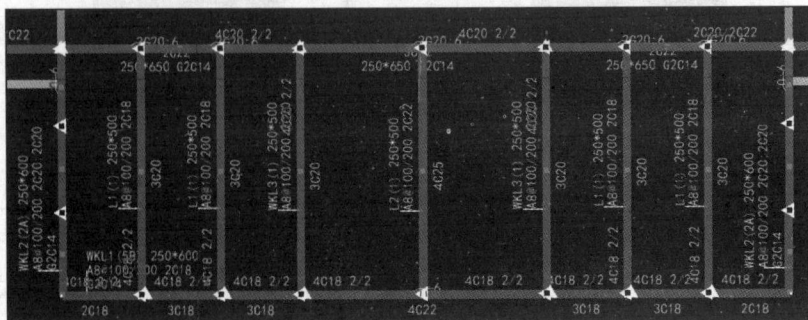

图 11.74　框选识别梁标注

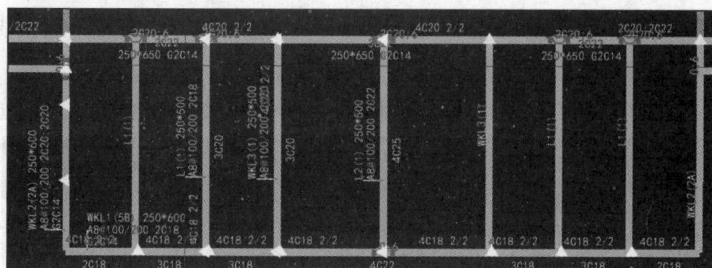

图 11.75　框选识别梁完成

（3）单构件识别梁原位标注

"单构件识别梁原位标注"功能用于识别单根梁的原位标注。

①单击绘图工具栏"识别原位标注"→"单构件识别梁原位标注"，选择需要识别的梁构件，此时构件处于选择状态，如图 11.76 所示。

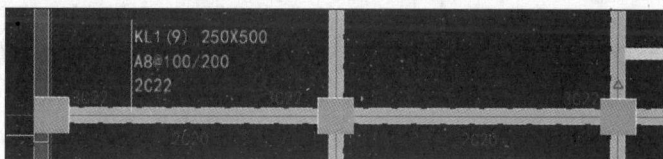

图 11.76

②单击鼠标右键，则提取的梁原位标注就被识别为软件中梁构件的原位标注，识别成功的原位标注，用深蓝色进行标识，如图 11.77 所示。

图 11.77

（4）点选识别梁原位标注

"点选识别梁原位标注"功能用于单独识别某个原位标注。

①单击绘图工具栏"识别原位标注"→"点选识别梁原位标注"，选择需要识别的梁构件，此时构件处于选择状态，如图 11.78 所示。

图 11.78

②单击鼠标选择 CAD 图中的原位标注图元，软件会自动寻找最近的梁支座位置并进行关联，如图 11.79 所示。

图 11.79

如果软件自动寻找的梁支座位置出错,还可以通过按"Ctrl+左键"选择其他的标注框进行关联。

③单击鼠标右键,则选择的CAD图元被识别为所选梁支座的钢筋信息,如图11.80所示。

图11.80

软件对识别成功的原位标注用深蓝色显示,没有识别的则保持粉色。单击右键,退出"点选识别梁原位标注"命令。

知识拓展

(1)所有原位标注识别成功后,其颜色都会变为深蓝色,而未识别成功的原位标注保持粉色,方便查找和修改。

(2)识别原位标注的4个功能,可以按照实际工程的特点来结合使用,从而提高识别原位标注的准确率。实际工程图纸中,可能存在一些画图不规范或是错误的情况,会导致实际识别原位标注并不能完全进行识别。此时,只需要找到"粉色"的原位标注进行单独识别,或是直接对梁进行"原位标注"即可。

5)识别吊筋

所有梁识别完成之后,如果图纸中绘制了吊筋和次梁加筋,则可以使用"识别吊筋"功能,对CAD图中的吊筋、次梁加筋进行识别。

(1)提取吊筋和标注

①首先,提取吊筋和次梁加筋的钢筋线及标注信息。

②单击绘图工具栏"识别吊筋"→"提取吊筋和标注"。

③根据提示,选中吊筋和次梁加筋的钢筋线及标注(如无标注则不选),单击右键确定,即完成吊筋和次梁加筋的提取。

④CAD图中绘制有吊筋、加筋线和标注,通过提取,可以快速输入吊筋和加筋信息。

(2)识别吊筋

①自动识别吊筋。单击绘图工具栏"识别吊筋"→"自动识别吊筋"。如提取的吊筋和次梁加筋存在没有标注的情况,则弹出如图11.81所示的对话框。

可以直接在对话框中进行修改,如图11.82所示。

修改完成后,单击"确定"按钮,软件将自动识别所有提取的吊筋和次梁加筋,识别完成后弹出如图11.83所示的对话框。

图中存在标注的,按提取的钢筋信息进行识别;图中无标注信息的,则按输入的钢筋信息进行识别。识别成功的钢筋线,自动变为蓝色显示。

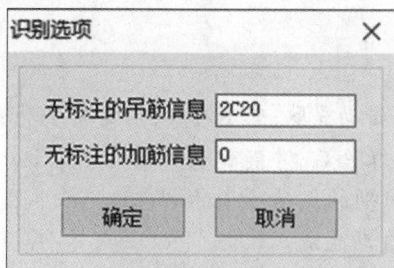

图 11.81

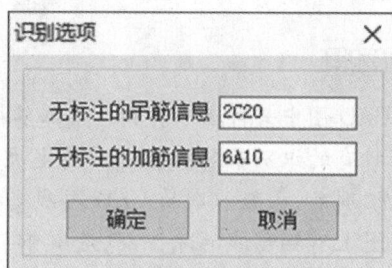

图 11.82　识别吊筋、次梁加筋

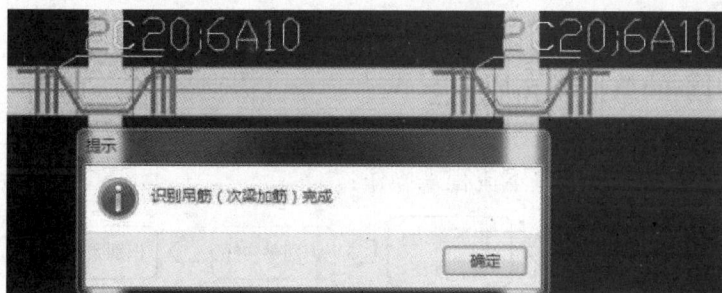

图 11.83　识别吊筋(次梁加筋)完成

②点选识别吊筋。单击绘图工具栏"识别吊筋"→"点选识别吊筋",弹出如图 11.84 所示的对话框。

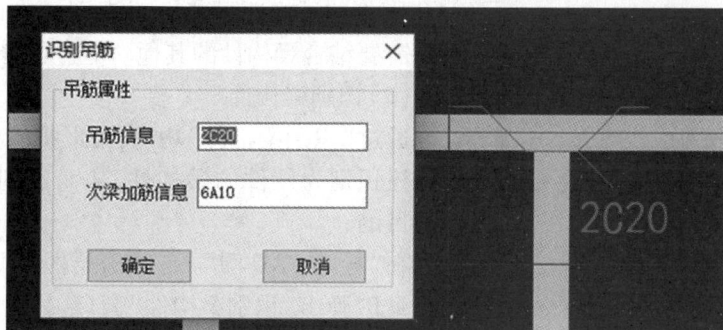

图 11.84　识别吊筋

单击"确定"按钮,然后根据提示点取吊筋和次梁加筋钢筋线,吊筋和次梁加筋区域将变成蓝色,如图 11.85 所示。

单击右键确定,则识别吊筋和次梁加筋成功,如图 11.86 所示。

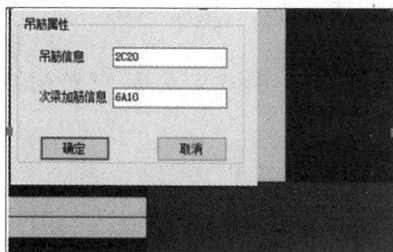

图 11.85

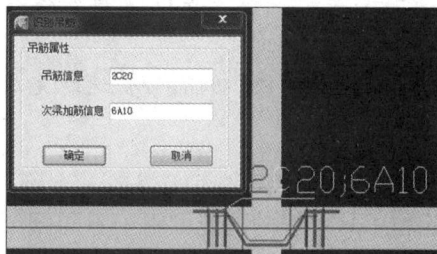

图 11.86

知识拓展

（1）CAD图中若存在吊筋和次梁加筋标注，软件会自动提取；若不存在，则需要手动输入。

（2）所有的识别吊筋功能都需要主次梁已经变成绿色后，才能识别吊筋和加筋。

（3）识别后，已经识别的CAD图线变为蓝色，未识别的保持原来的颜色。

（4）图上有钢筋线的才识别，没有钢筋线的不会自动生成。

（5）与自动生成吊筋一样，重复识别时会覆盖上次识别的内容。

（6）吊筋线和加筋线比较短且乱，必须有误差限制。因此，如果CAD图绘制得不规范，有可能会影响识别率。

6）关于梁识别的总结与拓展

（1）识别梁的流程

CAD识别梁可以按照以下基本流程来操作：

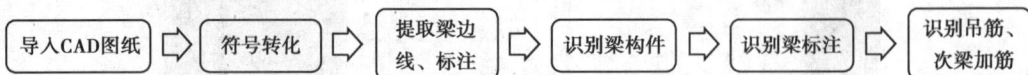

导入CAD图纸 ⇨ 符号转化 ⇨ 提取梁边线、标注 ⇨ 识别梁构件 ⇨ 识别梁标注 ⇨ 识别吊筋、次梁加筋

①识别梁过程中，软件会对提取标注、识别梁、识别标注、识别吊筋等都进行颜色的区分，便于识别过程中的检查。

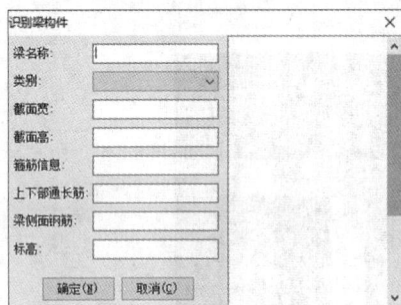

图11.87　识别梁构件

②CAD识别梁构件、梁原位标注、吊筋时，因为CAD图纸的不规范可能会对识别的准确率造成影响，因此需要结合梁构件的其他功能进行修改完善。

（2）识别梁构件

通过"识别梁构件"功能，可以把CAD图中的梁集中标注识别为软件的梁构件，从而达到快速建立梁构件的目的。

在"导入CAD图"后，单击绘图工具栏"识别梁构件"，此时弹出"识别梁构件"窗口，如图11.87所示。

说明

"识别梁构件"窗口右侧会列出已经建立的梁构件。左键单击CAD图上的梁集中标注，此时梁集中标注信息被识别至"识别梁构件"窗口，如图11.88所示。核对梁集中标注信息识别准确无误后单击"确定"按钮，则软件会按集中标注信息建立梁构件，并在窗口右侧梁构件列表中显示。

通过"识别梁构件"功能，可快速地完成新建梁构件的操作。新建完成后，可绘制梁或是识别梁构件。

（3）定位CAD图

"定位CAD图"的功能可用于不同图纸之间构件的重新定位。例如，先导入柱图并把柱都识别完成后，这时需要识别梁，然而导入梁图后，就会发现梁图与已经识别的图元不重合，此时就可以使用这个功能。

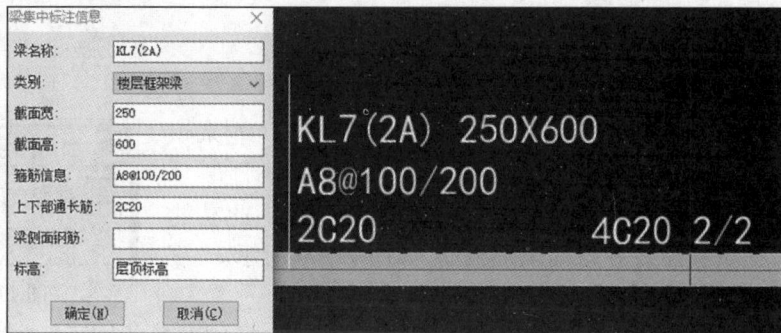

图 11.88

CAD 导图后,在"CAD 草图"界面单击工具栏"定位 CAD 图"命令。首先按照提示,左键单击 CAD 图上的一个基准点,然后再选择要定位的目标点,即可完成定位。

四、任务结果

任务结果同 3.4 节任务结果。

11.7　识别板筋

一、任务说明

(1)完成首层板受力筋的识别。
(2)完成首层板负筋的识别。

二、任务分析

在梁识别完成之后,接着识别板的钢筋。识别板筋之前,首先需要在图中绘制板。绘制板的方法,参见前面介绍的"现浇板的定义和绘制"。

清除梁 CAD 图、绘制板之后,进入"CAD 识别"→"CAD 草图",利用"插入 CAD 图"导入板配筋图,使用"定位 CAD 图",使 CAD 图与已经绘制的图形重合。

三、任务实施

1)提取板钢筋线、标注

识别板筋首先需要提取板钢筋线。
①进行"符号转化"后,单击"识别受力筋"绘图工具栏的"提取钢筋线"功能。
②利用"选择同图层的图元"或是"选择同颜色的图元"功能,选择所有钢筋线,单击右键确定。
③运行"提取板钢筋标注",使用同样的方法提取所有板的钢筋标注,单击右键确定。

ℹ️ **注意**

如果 CAD 图中板受力筋与板负筋处在不同的图层,则需要分别进入"识别受力筋"和"识别负筋"界面,进行提取钢筋线和标注的操作。

2)自动识别板筋

提取板钢筋线、标注之后,可使用"自动识别板筋"功能来识别板的钢筋。

在"识别受力筋"绘图工具栏单击"自动识别板筋"。此功能包含两个部分:提取支座线和自动识别板筋,如图 11.89 所示。

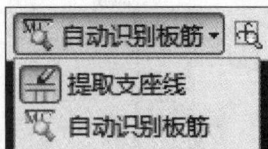

图 11.89

(1)提取支座线

单击"提取支座线",通过"选择同图层的图元"或"选择同颜色的图元"功能选择所有板的支座线,单击右键确定,完成提取。

注意

导入板筋图纸后,图纸中绘制有各个板筋的支座线,一般用双线来表示,包括梁和墙等,可单击这些支座线进行提取。

提取支座线主要是为了识别板筋时查找支座、识别钢筋类别、正确生成钢筋图元。

提取支座线参考已经绘制的支座图元的宽度,如果支座绘制完整,识别板筋的准确率就会更高,所以建议在识别板筋前就将支座和板都绘制完毕,这样可以提高自动识别的准确率。

(2)自动识别板筋

①在"识别受力筋"绘图工具栏单击"自动识别板筋"功能,弹出如图 11.90 所示的提示。

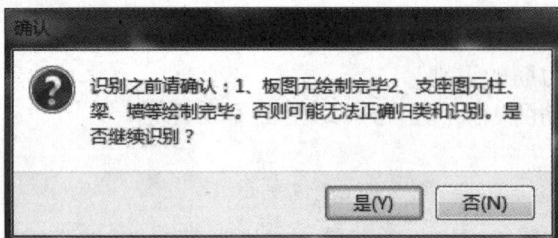

图 11.90 识别受力筋

②单击按钮"是"继续,弹出如图 11.91 所示的对话框。在对话框中,可设置识别板筋的归属,软件支持板和筏板钢筋的自动识别。

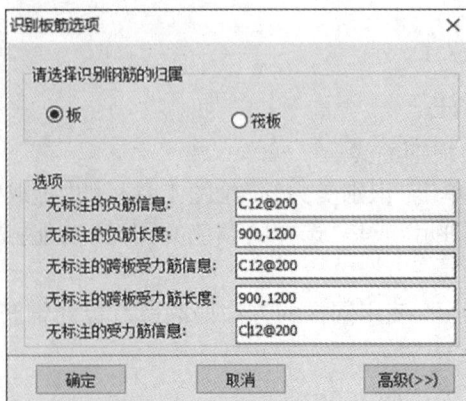

图 11.91 识别板筋选项

如果图中存在没有标注信息的板钢筋线,可以在此对话框中输入无标注的钢筋线信息。输入完成后,单击"确定"按钮,软件自动对提取的钢筋线及标注进行搜索,搜索完成后弹出"自动识别板筋"的对话框(见图 11.92),将搜索到的钢筋信息建立构件列表,供查看和修改。

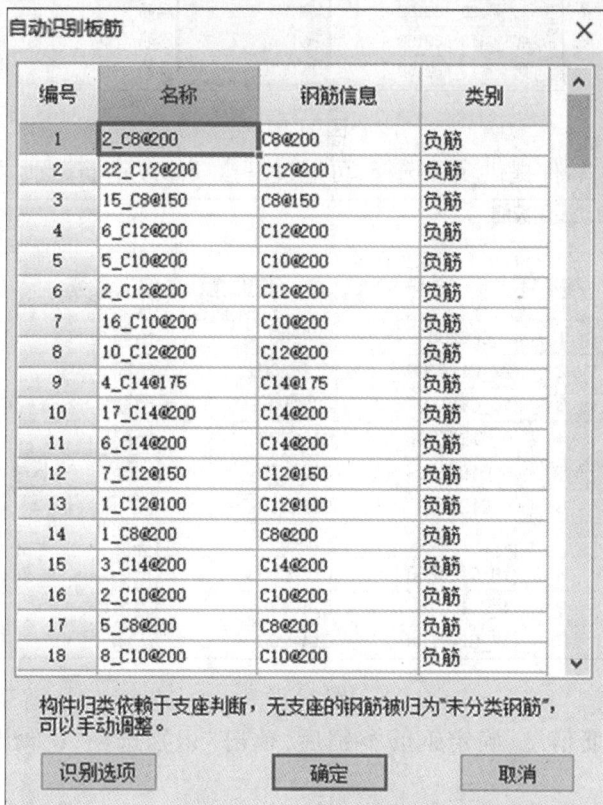

自动识别板筋

编号	名称	钢筋信息	类别
1	2_C8@200	C8@200	负筋
2	22_C12@200	C12@200	负筋
3	15_C8@150	C8@150	负筋
4	6_C12@200	C12@200	负筋
5	5_C10@200	C10@200	负筋
6	2_C12@200	C12@200	负筋
7	16_C10@200	C10@200	负筋
8	10_C12@200	C12@200	负筋
9	4_C14@175	C14@175	负筋
10	17_C14@200	C14@200	负筋
11	6_C14@200	C14@200	负筋
12	7_C12@150	C12@150	负筋
13	1_C12@100	C12@100	负筋
14	1_C8@200	C8@200	负筋
15	3_C14@200	C14@200	负筋
16	2_C10@200	C10@200	负筋
17	5_C8@200	C8@200	负筋
18	8_C10@200	C10@200	负筋

构件归类依赖于支座判断,无支座的钢筋被归为"未分类钢筋",可以手动调整。

识别选项　　确定　　取消

图 11.92　自动识别板筋

③鼠标单击钢筋编号,软件自动定位到图中此项钢筋,单元格为红色底色(这表示此项钢筋标注为空,需要输入钢筋信息),方便查找与编辑,如图 11.93 所示。

图 11.93

④在钢筋信息格中,支持拖动单元格复制数据的操作,如图 11.94 所示。

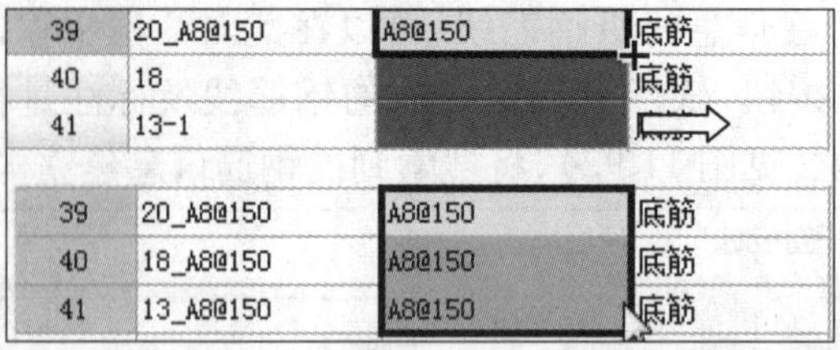

图 11.94

⑤在"类别"一项,软件提供多种选择,可通过下拉项修改钢筋类别,如图 11.95 所示。

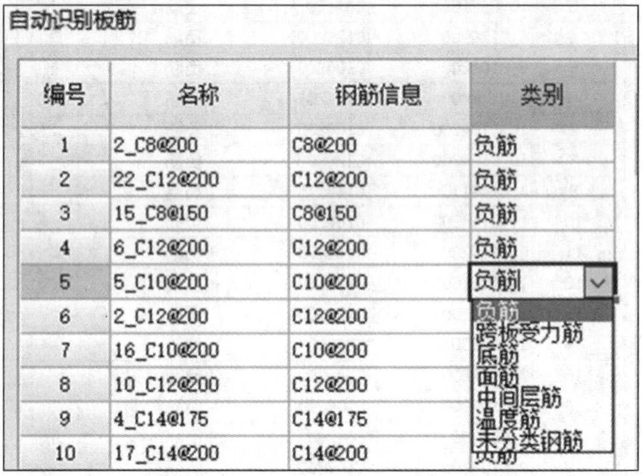

图 11.95

⑥输入缺失的钢筋信息、确定钢筋类别后,单击"识别选项",弹出对话框,如图 11.96 所示。

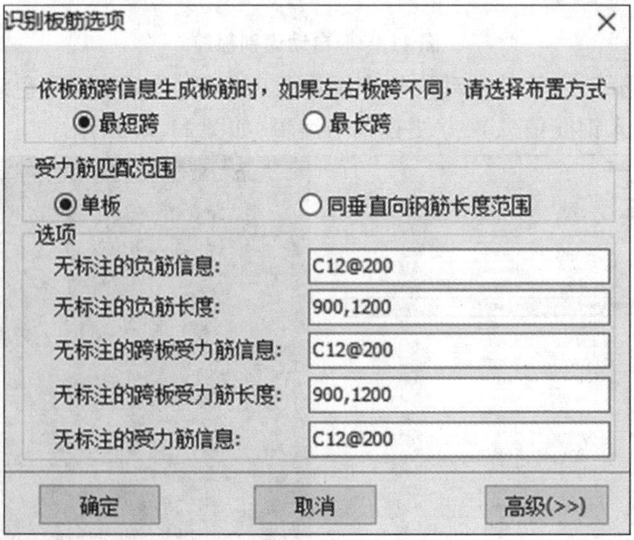

图 11.96

布置方式表示如图 11.97 所示。

受力筋匹配范围如图 11.98 所示。

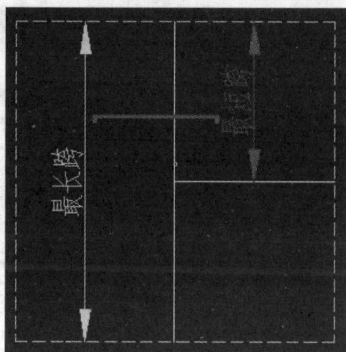

图 11.97

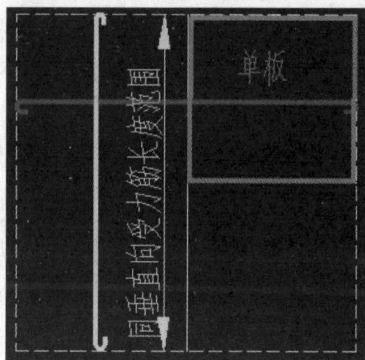

图 11.98

⑦设置"布置方式"与"受力筋匹配范围"之后,确定无标注的钢筋信息无误,即可单击"确定"退出"识别板筋选项"。然后在"自动识别板筋"对话框中单击"确定"按钮,软件会根据提取的板筋信息(包含受力筋及负筋)自动识别钢筋。识别完成后,识别成功的板筋变为深蓝色显示,如图 11.99 所示。

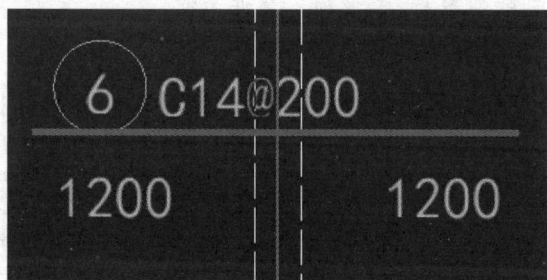

图 11.99

注意

为提高识别的准确性,在"自动识别板筋"之前,应准确设置"CAD 识别选项"中的"自动识别板筋选项"。

"自动识别板筋设置"请参见前面介绍的"CAD 识别选项"部分。

知识拓展

(1)"自动识别板筋"功能在"识别板受力筋"界面的绘图工具栏,但是此功能可以一次性识别整张图纸中的受力筋和负筋,支持选择识别板或筏板钢筋。

(2)识别板筋前需要提取支座线,主要是为了弥补用户支座绘制不全的缺陷,提升识别的准确性。

(3)在识别板筋界面可以使用"查看布筋范围"来查看钢筋的布置范围,方便调整。钢筋的布置范围可以通过拖动边线来修改,非常方便。

(4)因为 CAD 图纸不够标准,利用"自动识别板筋"不能保证所有板筋都识别正确,需要进行检查。如果发现存在问题,可利用板受力筋、板负筋界面的相关功能进行修改。

3)识别板筋其他功能

除了利用"自动识别板筋"外,识别板钢筋软件还提供了分开识别受力筋和负筋的功能,现介绍如下:

(1)识别板受力筋

此功能可以将提取的板(筏板)钢筋线和板(筏板)钢筋标注识别为受力筋。操作步骤如下:

①完成提取板钢筋线、提取板钢筋标注和绘制板操作后,单击绘图工具栏"识别板受力筋"按钮,弹出"受力筋信息"窗口,如图11.100所示。

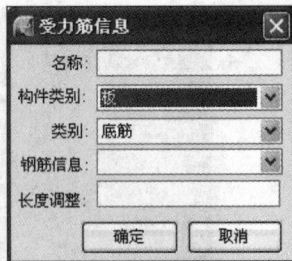

图11.100 识别板受力筋

说明

(1)名称:软件自动默认,从SLJ-1开始。

(2)构件类别:选择板或者筏板。

(3)类别:需要自己选择,默认为底筋。

(4)钢筋信息:为识别的钢筋标注,该项不允许为空。

(5)长度调整:默认为空,可根据实际调整。

②在已提取的CAD图元中单击受力筋钢筋线,此时软件会自动找与其最近的钢筋标注作为该钢筋线钢筋信息,并识别到"受力筋信息"窗口中,如图11.101所示。

图11.101

③确认"受力筋信息"窗口准确无误后单击"确定"按钮,然后将光标移动到该受力筋所属的板内,板边线加亮显示,此亮色区域即为受力筋的布筋范围,如图11.102所示。

图11.102

💡**说明**

可以在板绘图工具栏中选择布筋范围(单板、多板或自定义),有关布筋范围的选择方法请参阅受力筋布筋范围和方式。

④单击鼠标左键,则提取的板钢筋线和板钢筋标注被识别为软件的板受力筋构件。

(2)识别跨板受力筋

①完成提取板钢筋线、提取板钢筋标注和绘制板操作后,单击绘图工具栏"识别跨板受力筋"按钮,则弹出"跨板钢筋信息"窗口,如图 11.103 所示。

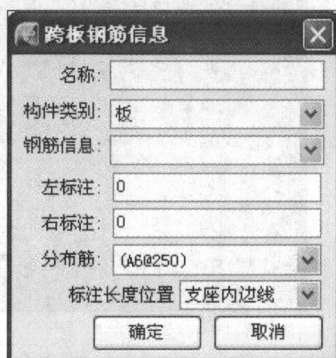

图 11.103 识别跨板受力筋

💡**说明**

(1)名称:直接读取 CAD 图中的标注。

(2)构件类别:可以选择板或筏板。

(3)钢筋信息:为识别的钢筋标注,该项不允许为空。

(4)左、右标注:为识别的钢筋标注,可允许其中一项为空。

(5)分布筋:取自计算设置中的设置。

(6)标注长度位置:即左右标注的长度是否包含支座宽。软件默认标注为支座内边线,识别时根据 CAD 图自行判断。

②在已提取的 CAD 图元中单击受力筋钢筋线,此时软件会自动找与其最近的钢筋标注作为该钢筋线钢筋信息,并识别到"跨板钢筋信息"窗口中,如图 11.104 所示。

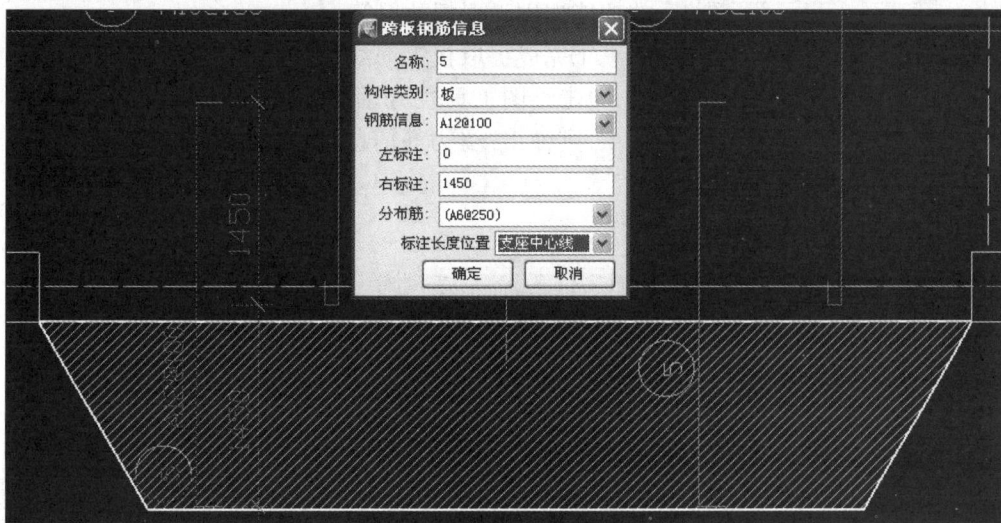

图 11.104

③确认"跨板钢筋信息"窗口准确无误后单击"确定"按钮,然后将光标移动到该跨板受力筋所属的板内,板边线加亮显示,此亮色区域即为受力筋的布筋范围,如图 11.105 所示。

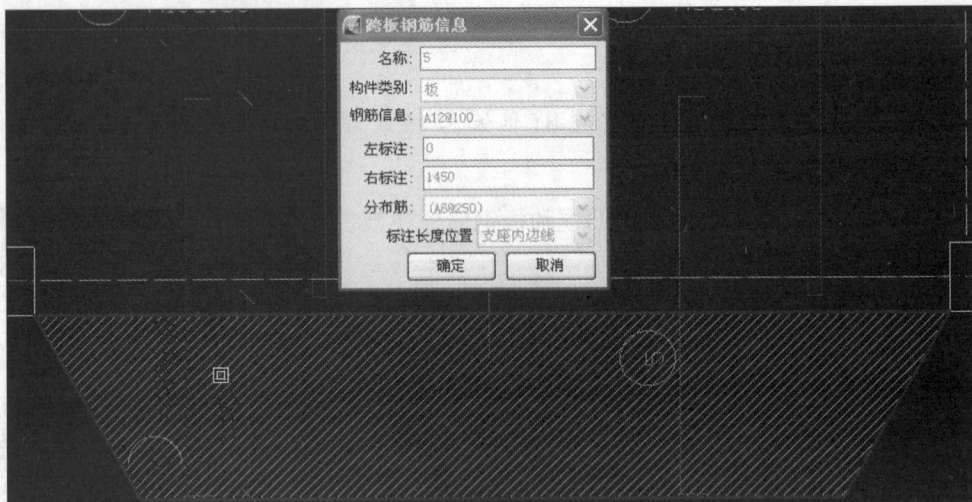

图 11.105

⊙💭 说明

可以在板绘图工具栏中选择布筋范围,有关布筋范围的选择方法请参阅受力筋布筋范围和方式。

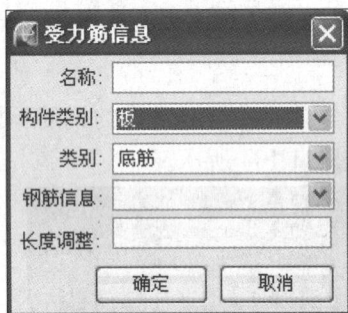

图 11.106

④单击鼠标左键,则提取的板钢筋线和板钢筋标注被识别为软件的跨板受力筋构件图元。

（3）弧边识别板放射筋

如果图中存在弧形板,则可使用"弧边识别板放射筋"的功能识别弧形板放射筋。

①完成提取板钢筋线、提取板钢筋标注和绘制板操作后,单击绘图工具栏"识别放射筋"→"弧边识别板放射筋"选项,则弹出"受力筋信息"窗口,如图 11.106 所示。

⊙💭 说明

（1）名称:软件会自动读取钢筋标注信息,读取不到时,软件自动默认从 SLJ-1 开始。

（2）构件类别:选择板或者筏板。

（3）类别:需要自己选择,软件默认为底筋。

（4）钢筋信息:为识别的钢筋标注,该项不允许为空。

（5）长度调整:默认为空,可根据实际调整。

②在已提取的 CAD 图元中单击受力筋钢筋线,此时软件会自动匹配钢筋标注作为该钢筋线钢筋信息,并识别到"受力筋信息"窗口中。

③确认"受力筋信息"窗口准确无误后单击"确定"按钮,然后将光标移动到该受力筋所属的板内,板边线加亮显示,此亮色区域即为受力筋的布筋范围,如图 11.107 所示。

图 11.107　受力筋布筋范围

说明

可以在板绘图工具栏中选择布筋范围,有关布筋范围的选择方法请参阅受力筋布筋范围和方式。

④单击鼠标左键,则提取的板钢筋线和板钢筋标注被识别为软件的板受力筋构件图元。

(4)弧边识别跨板受力筋

①完成提取板钢筋线、提取板钢筋标注和绘制板操作后,单击绘图工具栏"识别放射筋"→"弧边识别跨板受力筋"选项,则弹出"受力筋信息"窗口,如图 11.108 所示。

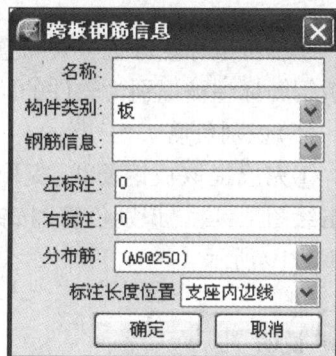

图 11.108

说明

(1)名称:直接读取 CAD 图中的标注。

(2)构件类别:可以选择板或者筏板。

(3)钢筋信息:为识别的钢筋标注,该项不允许为空。

(4)左、右标注:为识别的钢筋标注,可允许其中一项为空。

(5)分布筋:取自计算设置中的设置。

(6)标注长度位置:即左右标注的长度是否包含支座宽。软件默认标注为支座内边线,识别时根据 CAD 图自行判断。

②在已提取的 CAD 图元中单击受力筋钢筋线,此时软件会自动匹配钢筋标注作为该钢筋线钢筋信息,并识别到"跨板钢筋信息"窗口中。

③确认"跨板钢筋信息"窗口准确无误后单击"确定"按钮,然后将光标移动到该受力筋所属的板内,板边线加亮显示,此亮色区域即为受力筋的布筋范围,如图 11.109 所示。

图 11.109　识别弧形跨板信息

😃 说明

可以在板绘图工具栏中选择布筋范围,有关布筋范围的选择方法请参阅受力筋布筋范围和方式。

④单击鼠标左键选中要布置钢筋的板,则提取的板钢筋线和板钢筋标注被识别为软件的跨板受力筋构件图元。

(5)识别负筋

①完成提取板钢筋线、提取板钢筋标注和绘制板操作后,单击绘图工具栏"识别负筋"按钮,则弹出"负筋信息"窗口,如图 11.110 所示。

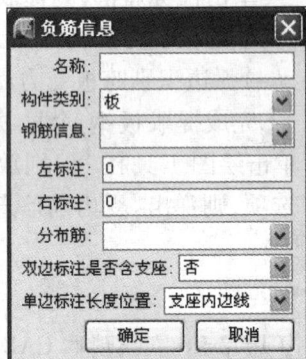

图 11.110

😃 说明

(1)名称:软件会自动读取钢筋标注,读取不到时,软件自动默认从 FJ-1 开始。

(2)构件类别:选择板或者筏板。

(3)钢筋信息:为识别的钢筋标注,该项不允许为空。

(4)左、右标注:为识别的钢筋标注,可允许其中一项为空。

(5)分布筋:取自计算设置中的设置。

(6)双边标注是否含支座:即左右标注都有数值时,标注的长度是否包含支座宽。软件默认为否,识别时根据 CAD 图自行判断。

(7)单边标注长度位置:即左右标注有一项为空时,标注的长度是否包含支座宽。软件默认标注为支座内边线,识别时根据 CAD 图自行判断。

②在已提取的 CAD 图元中单击负筋钢筋线,此时软件会自动找与其最近的钢筋标注作为该钢筋线钢筋信息,并识别到"负筋信息"窗口中,如图 11.111 所示。

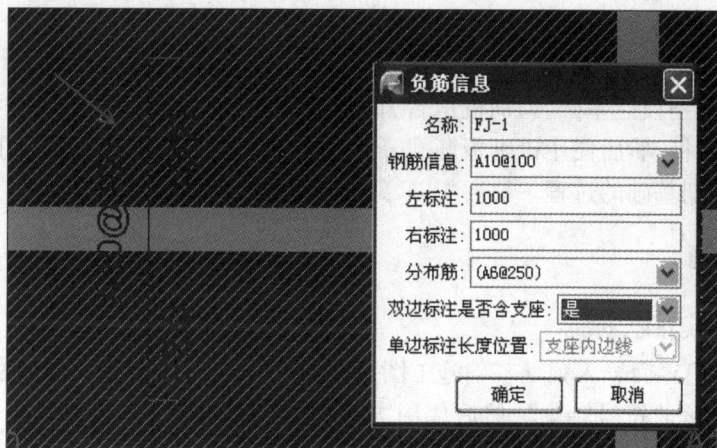

图 11.111

③确认"负筋信息"窗口准确无误后单击"确定"按钮,然后通过负筋布筋方式绘制负筋,提取的板钢筋线和板钢筋标注被识别为软件的板负筋构件。

四、任务结果

任务结果同 3.5 节任务结果。

知识拓展

识别板筋(包含板和筏板)的操作流程如下:

导入CAD图 ⇨ 定位CAD图 ⇨ 转换符号 ⇨ 提取板钢筋线 ⇨ 提取板钢筋标注 ⇨ 自动识别板筋

注意:使用"自动识别板筋"之前,需要对"CAD 识别选项"中"自动识别板筋选项"进行设置。

在"自动识别板筋"之后,如果遇到有未识别成功的板筋,可灵活应用识别"识别受力筋""识别负筋"的相关功能进行识别,然后再使用板受力筋和负筋的绘图功能进行修改,这样可以提高对板钢筋建模的效率。

11.8　识别基础

一、任务说明

(1)练习独立基础的识别方式。

(2)练习桩承台的识别方式。

(3)练习桩的识别方式。

二、任务分析

软件提供了识别独立基础、识别桩承台、识别桩的功能,本工程采用的是筏板基础,采用的流程为先绘制筏板,然后使用识别板筋部分的功能进行筏板钢筋的识别。下面以识别独立基础为例,演示识别基础的过程。

三、任务实施

1)提取独基边线、标志

在"CAD 草图"界面导入独立基础施工图并"定位 CAD 图"后,进入识别独立基础界面。

首先对图纸进行"符号转化",然后使用"提取独立基础边线""提取独立基础标志"提取独立基础的边线和标志,方法参照前面介绍的内容。

2)识别独立基础

在"提取独立基础边线""提取独立基础标志"完成之后,接着进行识别"独立基础"。

识别独立基础包含 3 个功能:"自动识别独立基础""点选识别独立基础"和"框选识别独立基础"。

(1)自动识别独立基础

"自动识别独立基础"功能可以将提取的独立基础边线和独立基础标志一次全部识别。

单击绘图工具栏"识别独立基础"→"自动识别独立基础",则提取的独立基础边线和独立基础标志被识别为软件的独立基础构件,识别成功后弹出如图 11.112 所示的提示。

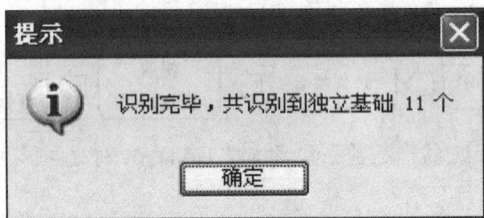

图 11.112

(2)点选识别独立基础

"点选识别独立基础"功能与"点选识别梁"类似,请参考前面的内容。

(3)框选识别独立基础

"框选识别独立基础"功能与"自动识别独立基础"非常相似,只是在执行"框选识别独立基础"命令后,在绘图区域拉一个框确定一个范围,此范围内提取的所有独立基础边线和独立基础标志都将被识别。

完成提取独立基础边线和提取独立基础标志操作后,单击绘图工具栏"识别独立基础"→"框选识别独立基础",然后在绘图区域拉框确定一个范围区域。如图 11.113 所示的黄色框则为此范围区域。单击右键确认选择,则黄色框所框住的所有独立基础边线和独立基础标志将被识别为独立基础构件。

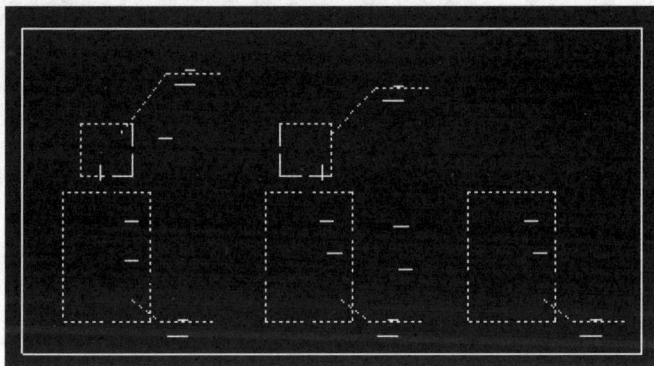

图 11.113

小结与拓展

（1）上面介绍的方法为直接识别独立基础，在识别完成之后，需要进入独立基础的定义界面，对基础的配筋信息等属性进行修改，以保证识别的准确性。

（2）直接识别独立基础的操作流程为：

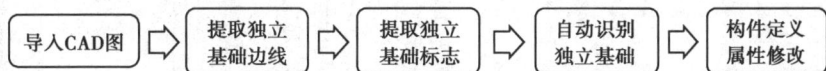

导入CAD图 ⇒ 提取独立基础边线 ⇒ 提取独立基础标志 ⇒ 自动识别独立基础 ⇒ 构件定义属性修改

（3）独立基础还可以先定义独立基础，然后再进行 CAD 图形的识别。这样，识别完成之后，不需要再进行修改属性的操作。

其他说明：

因为柱纵筋长度计算和嵌固部位有关系，所以现在软件提供了嵌固部位的选择，如图 11.114所示。

图 11.114　柱嵌固部位选择

第4篇 实践应用篇

本篇内容简介

软件应用能力测评

本篇教学目标

通过本篇的实践应用，你将能够：

(1)了解广联达考试系统对学校考试的帮助。

(2)了解广联达认证对学生提高技能和就业竞争力的
帮助。

(3)了解广联达测评和认证的实施方式。

第 12 章 软件应用能力测评

12.1 广联达测评考试系统

1)测评定义

广联达软件应用能力测评(以下简称广联达测评),是一套专为建筑专业院校的广大师生开发的考试工具。它基于建设行业电算化的应用要求,结合软件教学的重点难点,依托广联达智能考试系统,实现全面、准确、真实的考核。

测评主要有两个目的:一是提供试题资源共享渠道,减小老师出题难度,减轻传统阅卷时的工作量,通过实践使老师能检测自身的教学水平,以便于对软件课的教学作出相应的改进;二是通过实践中的考试,让学生更清晰地了解自身的软件实际应用水平,以便更好地提升软件学习和应用能力。

2)测评实现方式

广联达测评通过学校老师在考试系统中建立考试、在线组卷、组织考试、最后查询成绩等操作来实现。

测评考试具体依托广联达测评考试(GIAC-ITS,如图 12.1 所示),这是由广联达科技股份有限公司为各专业(尤其是建筑相关专业)的考核过程专门开发的网络考试系统(网址为"http://ks.glodonedu.com/")。通过网络考试系统,替代传统结课考试形式,可实现在线考试、自动阅卷、成绩分析的全程自动化考试服务。

系统具有共享题库,也可自主出题,减轻老师找题、出题、印试卷的负担。题库中不仅有单选、多选、填空、判断等各种常见题型,更有首创的软件实操题,可实现试题多样化和阅卷自动化。考试防作弊及试卷随机分发,更加公平、公正、公开。独有的多维度成绩分析和作答进度记录,可供老师参考,帮助其明确教学重难点和改革方向,同时也有助于增强学生的学习动力。

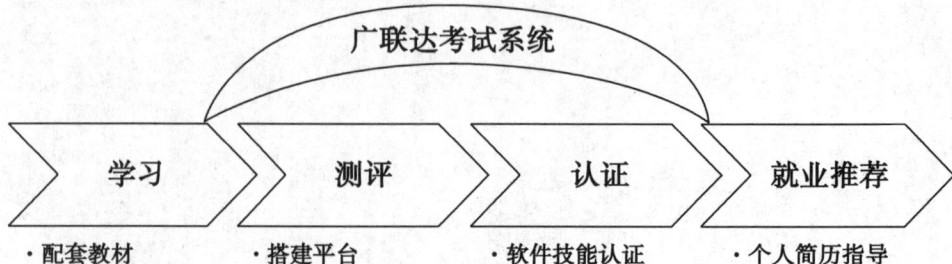

图 12.1

(1)考试题型

①常见题型:填空题、选择题、判断题、区间填空题、主观题等。

②实操题考试：广联达土建算量、广联达钢筋算量、广联达计价、广联达安装算量等，以后还会不断增加其他科目。

（2）考试模式

①老师统一组织。又细分为两种方式，老师可根据需要自由选择使用：一种是固定时间、地点、人员的"测评考试"，常见于期末考试或结课考试；另一种是固定时间段的"作业练习"，常见于平日练习性质的测验。

②学生自行参与。通过网络访问，可随时随地进入考试系统里内置的"练习吧""赛事专项"，里面有大量试题供考生选择练习，考后更有成绩记录和分析，轻松提高算量实操水平，并有造价员、安装、平法等理论试题供强化巩固。

（3）试题资源

①老师的私人题库：由老师自行管理使用，可上传单选、多选、填空、区间填空等理论客观题，也可上传钢筋、土建、计价实操题。试题资源默认为本人享有，共享以后可以供其他老师使用。

②共享题库：有各个院校老师共享的试题资源，更有广联达专家出题人共享的试题资源。

12.2　钢筋算量软件考试

使用考试系统进行软件实操题考试，首先需要安装考试系统。考试系统联通网络和算量软件一键即可安装，可对学生考核：广联达 BIM 钢筋算量 GGJ2013、广联达 BIM 土建算量 GCL2013、广联达计价软件 GBQ4.0 等，以及各种客观题（如单选、多选、填空等）。下面以广联达 BIM 钢筋算量 GGJ2013 版软件的考核为例进行说明。

（1）考试

日常教学时在桌面或者以其他快捷方式启动钢筋软件，如图 12.2 所示。

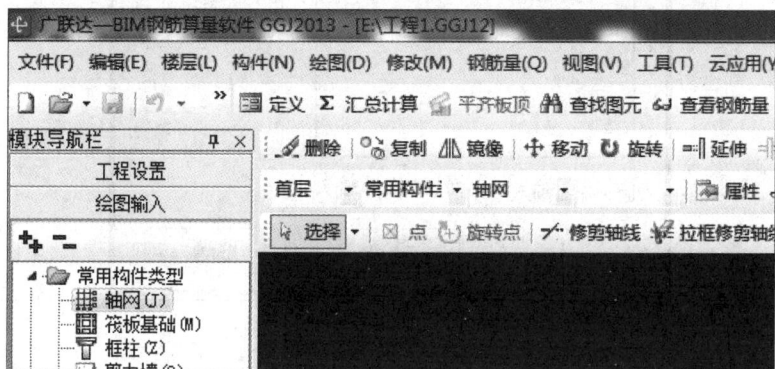

图 12.2

考试时请登录广联达考试系统，通过网络系统中的按钮启动广联达软件。注意，软件标题增加了"考试版"字样，菜单栏增加了"考试提交"按钮，如图 12.3 所示。

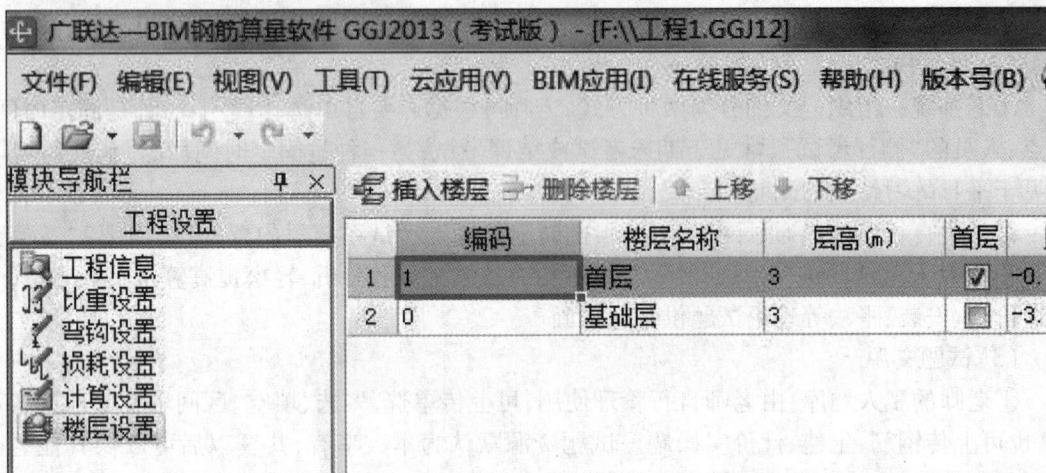

图 12.3

与平时的作答过程一样,新建工程后保存,作答完成后汇总计算(见图 12.4),单击"考试提交",然后关闭软件,最后回到考试系统的网页界面交卷即可。

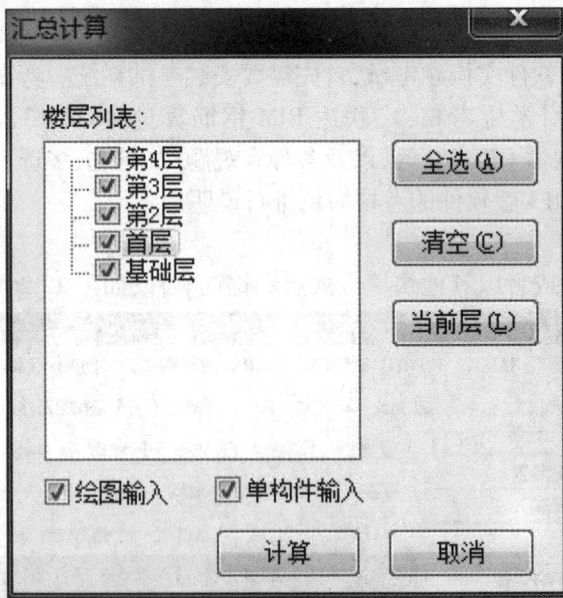

图 12.4

(2)查成绩

考试结束后,老师可以方便地在考试系统中查阅每位考生的成绩,如图 12.5 所示。

作答时间	作答时长	交卷时间	总成绩 （点击排序）
18:00	159分钟	20:39	82.7363
18:00	148分钟	20:27	77.4293
18:00	171分钟	20:50	77.2823
18:00	171分钟	20:51	75.4059
18:00	158分钟	20:37	72.6295
18:00	157分钟	20:37	69.7296
18:00	153分钟	20:32	65.4291

图 12.5

（3）成绩分析

考试结束以后，老师可以通过成绩分析、查看考生的作答情况，具体了解单个考生、某班级整体情况或考试中心整体情况，如图 12.6 所示。

构件类型	标准工程量(千克)	工程量(千克)	偏差(%)	基准分	得分
▼柱	0	0	0	22.3684	19.6749
▼第2层	0	0	0	6.5789	6.5789
φ8,第2层,柱	87.109	103.319	18.61	1.462	1.462
φ10,第2层,柱	785.298	785.298	0	4.3859	4.3859
φ22,第2层,柱	211.842	210.054	0.84	0.2089	0.2089
φ25,第2层,柱	1464.155	1419.495	3.05	0.5221	0.5221
▼首层	0	0	0	7.8947	7.748
φ8,首层,柱	131.017	109.541	16.39	2.1131	2.1131

图 12.6

思考与练习

（1）了解钢筋算量软件考试的安装和实现方式。

（2）了解考试基本流程及考试版软件的特点。

（3）使用智能考试系统，在实训课期中或期末时组织一场软件实操考试。

12.3　广联达工程造价电算化应用技能认证

广联达工程造价电算化应用技能认证，英文全称为"Glodon Informatization Application Skills Certification for Construction Industry"，简称"GIAC"（下文简称为广联达认证）。该认证

已于 2012 年 11 月上线,社会从业人员或工程建设类院校在校学生通过培训学习后,可以到指定的授权考试中心参加统一的网络考试。考试通过者可获得相关行业主管部门及广联达公司共同颁发的《建设行业信息化应用技能认证证书》,进入广联达人才信息库,获得优先被广联达录取并由企业推荐就业的机会。

图 12.7

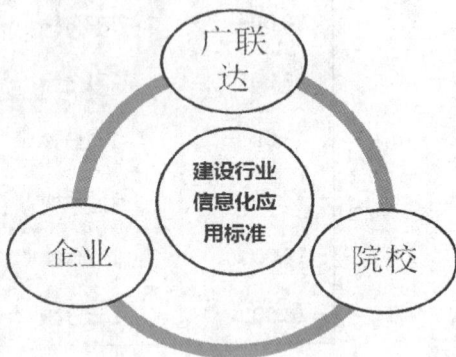

图 12.8

(1)广联达认证的特点

①认证标准的专业性。广联达认证的等级标准得到建设行业的企业和用人单位的广泛认可,值得信赖。

②认证形式的公正性。广联达认证依托先进的在线考试平台和专业的考试方法,无论是客观题还是实操题,随机发卷和批量评分都保证了认证考试的便捷与公正。

③认证结果的权威性。每一次认证考试的答卷都由专业的评分软件进行评分,每一次考试成绩都作为该试题分析的数据源,以利于试题的改进和完善。

④人才服务的优质性。广联达和多家名企建立了长期良好的合作关系,并搭建了广联达企业人才库,为企业和求职者提供了最佳的交流和展示平台。

(2)广联达认证的整体价值

①帮助学生及社会从业人员提升应用技能水平,提高就业竞争力,缩短在企业成长与发展的周期。

②提高院校实践教学水平,提升院校品牌建设,增加生源。

③为企业提供技能水平评测的标准和方法,有效地减少企业招聘及后期培养投入的资源。

④丰富应聘学生及造价从业者的就业渠道,搭建建设行业人才交流的平台。

(3)广联达认证的加盟

如果学校想成为有资格举办广联达认证考试的认证中心,必须先成功开展数次测评考试,保证测评考试的成功率和一定的通过率。也就是说,如果硬环境(如机房网络条件)和软环境(相关负责老师和学生积极性)都达到了一定水平,那么该学校将有资格参与广联达认证产品相关负责人的评定。通过评定考核后,可获得授权认证考试中心资格。

届时,双方将签署友好合作协议书,由广联达公司授牌"××学校工程造价电算化应用技能认证 GICA 授权考试中心",这表示该学校有权举办广联达认证考试,负责认证考试过程中的报名、缴费、组织、实施等,在该学校通过广联达认证考试的学生也将获得由中国建设教育协会和广联达软件股份有限公司共同颁发的《建设行业信息化应用技能认证证书》。证书上印有考生姓名、照片、身份证号和广联达统一编制的证书编号,具有较好的防伪设计,并且在

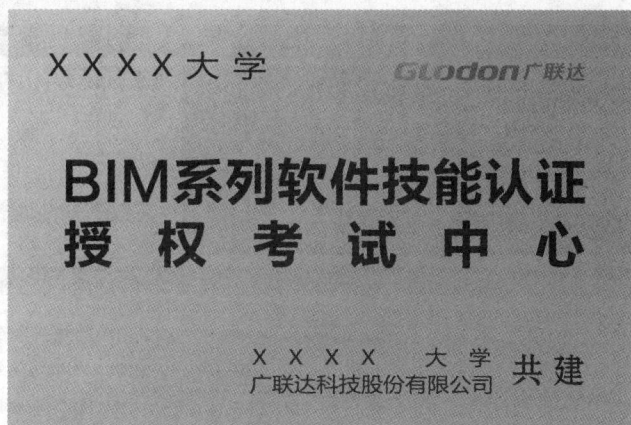

图 12.9

广联达教育官网上可以通过身份证号和证书编号查询真伪。证书模板如下：

图 12.10

更多、更全的考试资讯，请登录"广联达测评认证网"（http://www.glodonedu.com/rzds/）进行了解。网站部分页面展示如下：

图 12.11

图 12.12

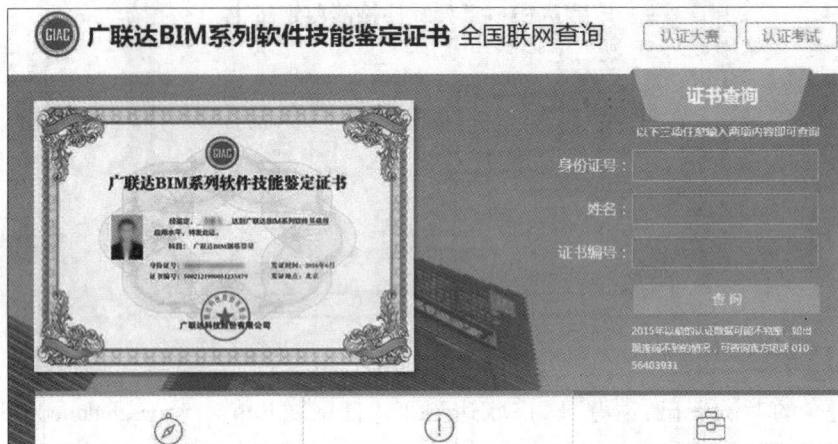

图 12.13